Ocean Healing Theory

# 해양치유론

감　　수 : 이성재
대표저자 : 박상태
공 저 자 : 김충곤 · 권이승 · 박상회 · 방형애 · 성시윤
손병국 · 오한진 · 이경희 · 정구점 · 진용일

계축문화사

## ▣ 감 수

**이성재 박사**
전 고려대학교 의과대학 해양치유산업연구단 단장
고려대학교 의과대학 교수

## ▣ 집필진

### <대표저자>

**박상태 박사**
현 국가서해안거점 태안해양치유 실용화 추진위원
태안해양치유산업 활성화 해양치유자문단
태안해양치유보조사 양성과정 강사
태안해양치유 전문인력 양성과정 책임교수
한국휴먼자연치유학회 고문
행정안전부 국가안전교육 전문가
노벨사이언스 · 포럼 대외협력위원장
과학의 전당 정회원
전 고려대학교 의과대학 통합의학교실 자문교수
고려대학교 해양치유산업연구단 해양치유교재 개발
고려대학교 산학협력단 해양치유보조사교재 개발
경기대 대체의학대학원 논문지도교수 및 심사위원장
EBS 공중위생관리학 강의교수
중부대학교 한방건강관리학과 교수
식품의약품안전처 중앙약심위 전문가위원
대한보건교육사회 회장
연세대학교 총동문회 이사

### <공동저자>

**김충곤 박사**
현 해양수산부 해양치유연구단 단장
한국해양과학기술원 책임연구원

**권이승 교수**
현 가톨릭관동대학교 의료경영학과 교수
전 2018 마르퀴즈 후즈후인 더 월드 등재

**박상회 박사**
현 숭실대학교 대학원 문화치유전공 겸임교수
전 도쿄대학교 의학부 객원연구원

**방형애 박사**
현 삼육대학교 보건관리학과 겸임교수
전 고려대학교 산학협력단 해양치유보조사 교재개발

**성시윤 박사**
현 휴앤치유연구소 소장
전 고려대학교 해양치유산업연구단 연구교수

**손병국 박사**
현 Midwest University 보건의료경영학과 주임교수
국가자격보건교육사협회 회장

**오한진 박사**
현 을지대학교병원 가정의학과 교수
대한갱년기학회 회장

**이경희 교수**
현 차의과학대학교 통합의학대학원 교수
한국자연치유요가협회 대표

**정구점 교수**
현 Y'sU 영산대학교 웰니스관광연구원장
한국심신치유학회 국제학술위원장
휴양 · 치유학회 수석부회장
전 해양치유사 양성교육과정(고려대) 심사위원
Y'sU 영산대학교 호텔관광대학 학장

**진용일 연구교수**
현 한국정신과학회 이사
전 고려대학교 해양치유산업연구단 연구교수

### <편집위원>

**위원장 이주열 교수**
현 남서울대학교 보건행정학과 교수

**김희진 교수**
현 연세대학교 보건대학원 교수

**박혜숙 교수**
현 이화여자대학교 의과대학 예방의학교실

**원소희 박사**
현 삼육중독심리재활연구소 소장

**윤미은 교수**
현 삼육대학교 식품영양학과 교수

### <자문위원>

**위원장 이증훈 박사**
전 충남대학교병원 피부과 교수

**강준영 박사**
현 통합예술치유콘텐츠연구회 회장

**길태규 박사**
전 고려대학교 해양치유산업연구단 연구원

**김성기 박사**
현 가천대학교 경영대학원 의료경영전공 겸임교수

**김신실 대표**
현 메타헬스케어 CEO

**김태곤 박사**
현 해양치유 음악가

**박민근 교수**
현 신한대학교 대학원 치유산업경영학과 교수

**박자방 박사**
전 한국심신치유학회 회장

**손병모 교수**
전 가톨릭관동대학교 라파엘 힐링사업단장

**우호 박사**
현 차의과학대학교 통합의학대학원

**유호종 교수**
현 중부대학교 대학원 자연치유학과 교수

**이성호 박사**
현 연세대학교 의료원

**이영이 겸임교수**
전 전주비전대학교 뷰티디자인과

**이재형 교수**
전 공주대학교 간호보건대학 학장

**이창하 박사**
전 단국대학교 문화예술대학원 외래교수

**최소영 박사**
전 경기대학교 대체의학대학원 문학치료전공 초빙교수

**허봉수 교수**
현 차의과학대학교 통합의학대학원 교수

# 머리말

삼면이 바다로 둘러싸인 우리나라는 천혜의 해양경관, 해양수, 해양기후, 해양 생물 등을 보유하고 있어서 해양치유산업을 활성화할 수 있는 좋은 환경을 지니고 있다.

대표적인 치유자원으로는 해양기후, 표층수, 염지하수, 해양심층수 등 해수, 해풍(에어로졸), 해조류, 해염(소금), 해니(머드, 해사, 토탄), 해양환경 등이 있다.

독일과 프랑스에서는 질병예방, 건강증진, 재활치료 목적으로 해양치유자원을 활용하고 있으며, 독일에서의 해양치유산업은 관광산업, 바이오산업, 의료산업과 연계하여, 350여개 휴양치유단지에서 연간 시장규모가 45조원에 달하고 고용 인력은 45만명에 이른다.

우리나라에서도 국민에게 해양치유서비스를 제공하고 관련 산업을 활성화하여 국민의 건강증진과 복지향상 및 국가 경제발전에 이바지하기 위한 "해양치유자원의 관리 및 활용에 관한 법률(약칭 : 해양치유자원법)"을 2020년 2월 18일 제정하고, 신 성장 동력산업으로 육성하고 있어서 어촌경제 활성화 및 양질의 일자리 창출에 크게 기여할 것으로 기대된다.

이에 대표저자는 고려대학교 의과대학 해양치유산업연구단(단장 이성재 교수)에서 해양치유 전문인력 교재 연구개발에 참여한 경험을 바탕으로 독일의 관련자료, 국회해양치유국제심포지엄, 해양수산부 해양산업 활성화를 위한 해양치유자원 발굴 및 실용화기반연구, 태안 해양치유산업 활성화 및 전문인력 양성교재, 해양수산부, 한국해양수산과학기술진흥원, 한국해양수산개발원, 해양환경공단, 보건학, 대체의학 등의 자료를 참고하거나 일부 인용하였다.

이 과정에서 해양수산부와 태안군 등에 공문을 발송하거나 유선상으로 협의 및 허락을 받고 사진 및 원문을 인용하였음을 밝혀두는 바이다.

중부대학교 대학원 고양캠퍼스 자연치유학과에서 해양치유를 연구하며 해양치유론 교과목을 대표저자가 우리나라에서 최초로 개설하여 강의한 교육내용도 참고하였다.

연구윤리 특히 표절에 대한 기준이 강화되어 마지막까지 고민하였고, 모든 자료의 출처를 표기하기 어려운 부분이 많아서 참고문헌에 포괄적으로 정리하였다. 또한 일부 소소한 부분을 빠뜨리지 않았나 수차례 검토하고 원고를 마무리하였다.

목차 순서는 제1장 해양치유의 이해, 제2장 해양치유와 건강, 제3장 해양치유자원, 제4장 해양환경, 제5장 해양치유 요법, 제6장 해양치유프로그램, 제7장 해양치유서비스, 제8장 해양치유 관광으로 하였다.

본서는 해양치유를 처음 배우는 학생, 전문인력 양성 기본서, 관련분야 종사예정자 및 이 분야 관심 있는 국민들이 쉽게 이용할 수 있도록 하였다.

앞으로 배출되는 국가자격 전문인력인 해양치유사, 해양치유지도사의 현장 실무 능력 함양을 위하여, 해양치유자원을 활용한 주요 질환의 건강증진 방법과 과학적으로 입증된 임상 연구 논문을 중심으로 해양치유실무 참고서를 집필하려고 준비하고 있다.

국내에서는 최초로 출판하다 보니 부족하고 미흡한 점이 많이 있으나, 앞으로 해양학, 의학, 보건학, 체육학, 간호학, 건축학, 관광학, 산림학, 농학, 환경공학, 위생학, 대체의학, 자연치유학 등 다양한 해당 전문가의 조언을 받으며 보완해 나갈 계획이다.

끝으로 감수를 맡아주신 이성재 전 고려대학교 의과대학 해양치유산업연구단장님을 비롯하여 연구단에서 해양치유의 초석을 놓기 위해 함께 연구했던 연구교수, 연구원, 해양치유자원의 효능을 과학적으로 검증하신 국내 의과대학 교수님들과 원고 정리에 도움을 준 충북대학교 대학원 산림치유전공 학과간 협동과정의 박수일 연구원, 계축문화사 주영일 대표님, 이종언 편집부장님 및 직원분들께 깊은 감사를 드립니다.

2023년 10월

파도소리 들리는 바닷가 오막살이 연구실에서

**대표저자 박 상 태**

# 감수의 글

해양치유란 해양성기후, 지형, 일광, 해산물(머드), 해풍 등 다양한 해양자원을 천연 그대로 활용(1차활용)하거나, 치료용품으로 만들어 활용(2차활용), 의료기관에서 의료인이 활용(3차활용)해 질병 예방, 건강증진, 재활치료를 목적으로 하는 행위이다.

해양이나 산림과 같은 우수한 자연환경을 활용해 질병 예방 및 건강증진을 돕는 "해양치유"는 독일과 프랑스를 비롯해 유럽에선 의료와 접목돼 널리 병행되고 있다.

산업적 측면에서는 관광산업, 바이오산업, 의료산업과 연계돼 유럽연합(EU)의 거대한 융복합산업으로 발달했고, 4차 산업시대 핵심 산업 중 하나로 육성되고 있다,

우리나라에서는 해양수산부가 2013년부터 연구를 시작해 이를 육성하는 법안인 "해양치유자원의 관리 및 활용에 관한 법률(약칭 : 해양치유자원법)이 2020년 1월 국회를 통과하여 현재 시행 중에 있다.

2018년부터 2년간 해양수산부 과제 해양산업 활성화를 위한 해양치유 가능자원 발굴 및 실용화 기반 연구"를 고려대학교 의과대학 해양치유산업연구단(단장 이성재교수)에서 수행하였으며, 해양치유자원의 효능을 검증하기 위해 18개 이상 연구과제도 국내의과대학들을 중심으로 실시하였다.

자유공모 경쟁을 통해 경남고성, 경북울진, 전남완도, 충남태안이 해양치유산업 거점 지자체로 선정되어 현재 해양치유센터가 건립 중에 있으며, 완도군이 2023년 하반기에 제일 먼저 센터를 준공하여 군민을 대상으로 시범 운영하였고, 해양치유 전문인력 양성 교육도 실시하고 있다.

이러한 시점에 고려대학교 해양치유산업연구단에서 해양치유 전문인력 교재 연구개발에 참여했던 박상태 교수께서 "해양치유론"을 출판하게 됨은 매우 의미가 있으며, 축하와 함께 감수의 글을 드리는 바이다.

2023년 10월

전 고려대학교 의과대학 해양치유산업연구단

단장 이 성 재

# 차 례

제1장

# 해양치유의 이해

1. 해양치유개요
2. 해양치유정책
3. 해양 · 산림 · 농림 융복합 치유개요

제1장

o c e a n h e a l i n g t h e o r y

# 해양치유의 이해

## 1 해양치유개요

### 1) 해양치유의 개념

해양치유에서 사용되는 치유(Healing)란 의료인에 의해서만 행해질 수 있는 치료(Treatment)와는 구별되며, 광범위한 의미를 갖고 있다. 해양치유란 해양의 다양한 치유 자원인 해수(염지하수, 심층수), 해양기후, 머드, 피트, 해사, 해조류, 해양환경(오감자원) 등을 활용해 신체적 건강만이 아니라, 정신적, 심리적, 사회적 건강증진과 더불어 질병 예방, 재활을 목적으로 하는 자연치유다. 해양치유는 의료인에 의한 수술, 약물 치료(Therapy)와는 달리, 해양자원을 자연 그대로 또는 응용해 건강한 사람의 건강을 증진시키고, 질병을 예방하며, 환자의 신체적 정신적 재활을 도와주는 것을 목표로 하기 때문에 전문가에 의해 과학적, 의학적으로 활용되어야 한다. 탈라소 테라피(Thalassotherapy)는 주로 해수, 해양기후, 해조류를 활용해 웰니스, 미용을 주요 목적으로 하지만, 해양치유는 탈라소 테라피뿐만 아니라 다양한 유형의 해양자원을 활용해 단순히 웰니스 차원을 넘어 질병예방, 신체적, 정신적, 심리적 치유, 재활치료까지도 포함하는 광의의 개념으로 구분된다.

### 2) 해양치유의 필요성

(1) 삼면이 바다로 둘러싸인 우리나라는 천혜의 자연환경과 해양기후와 해양생물 등 자원 보유
(2) 해양자원 개발을 통해 일자리 창출은 물론 관광산업, 바이오산업, 의료산업을 융합해 부가가치 창출로 지역경제 활성화
(3) 해양치유자원을 활용한 힐링, 웰빙, 웰니스 등 체류형 관광산업 활성화
(4) 초고령화 사회 진입시 노인 인구 증가와 만성퇴행성질환 증가
(5) 질병치료시대에서 건강수명시대로 변화

### 3) 해양치유의 목적

#### (1) 예방

1차적, 2차적 예방을 통해 몸을 건강하게 만들어 질병이 발생하지 않도록 사전에 예방

#### (2) 재활

재활(Rehabilitation)이란 물리적으로 손상 받거나 장애가 있는 신체의 기능을 회복시키고, 환자의 삶의 질을 높이는 행위다. 장애와 손상이 있는 개인이 완치되지 않더라도 잔존한 기능을 회복시켜 환자의 사회복귀와 삶의 질 향상을 도모한다.

### 4) 해양치유의 대상

(1) **건강인** : 일차적 예방 및 건강증진
(2) **미병인**(Sub health) : 질병으로 발전하는 것을 방지
(3) **환자** : 의료인의 도움을 받아 이차적 예방 및 재활

### 5) 해양치유의 방법

(1) 해양치유자원을 천연 그대로 또는 응용하기 위해 시설물 또는 제품을 만들어 활용

(2) 해양치유자원별 활용방법이 다양하고, 일괄적으로 설명할 수 없으며 이미 자원별 검증된 자료 활용

## 6) 해양치유자원법의 제정

해양신산업으로 육성의 일환으로 해양수산부는 해양치유산업 활성화 기반을 마련하기 위해 2020년 2월 해양치유자원의 관리 및 활용에 관한 법률을 제정하였다.

**해양치유자원의 관리 및 활용에 관한 법률(이하 해양치유자원법) 주요 내용**

제1조(목적) 해양치유자원을 체계적으로 관리하고 해양치유자원의 활용을 촉진하기 위하여 필요한 사항을 규정함으로써 국민에게 해양치유서비스를 제공하고 관련 산업을 활성화하는 등 국민의 건강증진과 복지 향상 및 국가경제 발전에 이바지하는 것을 목적으로 한다.

제2조(정의) 이 법에서 사용하는 용어의 뜻은 다음과 같다.

1. "해양치유"란 해양치유자원을 활용하여 체질 개선, 면역력 향상, 항노화 등 국민의 건강을 증진시키기 위한 활동을 말한다.
2. "해양치유자원"이란 갯벌, 소금, 해양심층수, 해조류, 해양경관, 해양기후 등 해양치유에 활용될 수 있는 해양자원을 말한다.
3. "해양치유시설"이란 해양과 연안 등에서 해양치유에 지속적으로 활용되는 시설과 그 부대시설을 말한다.
4. "해양치유지구"란 해양치유자원을 갖추고 국민에게 해양치유서비스를 효과적으로 제공하기 위하여 제9조에 따라 지정된 지역을 말한다.
5. "해양치유서비스"란 해양치유자원과 해양치유시설을 기반으로 하여 제공하는 서비스를 말한다.

제27조(전문인력의 양성) ① 국가와 지방자치단체는 해양치유자원의 관리 및 활용의 촉진에 필요한 전문인력을 양성하기 위하여 필요한 시책을 마련하고 추진할 수 있다.

## 7) 해양치유 배경

현재 해양 산업이 수산, 조선 중심에서 해양관광 활성화 및 해양치유로 해양 신산업 분야 전문인력 창출 효과가 있다.

해양 헬스케어 지자체 기획연구 및 민간수준 해양치유에서 정부가 지원하는 해양치유로 국민 건강증진 및 과학적 접근이 가능하다.

## 8) 해양치유 · 산림치유 배경

### (1) 현대의학의 한계로 휴양치유 필요성 대두

① 독일

- 1800년 중반부터 숲 · 해양 · 온천 중심으로 자연치유
- 숲 · 해양 · 온천을 건강증진, 예방의 수단으로 활용, 자연치유 요법에 대해 건강보험 적용
- 400여개에 달하는 숲 · 해양 · 온천 단지

② 미국

- 보완대체의학센터(complementary and alternative medicine)
- 미국 내 약 40여개 대학 보완대체의학센터
  - Havard, Duke, M.D.Anderson, Stanford etc.

③ 일본

- 2004년부터 숲의 건강, 생리적 효과에 대한 연구
  - 산림의학으로의 발전방안 모색
- 해양심층수 연구 시작으로 현 29센터 운영

## 9) 고령사회, 3만불시대 해양정책 미션

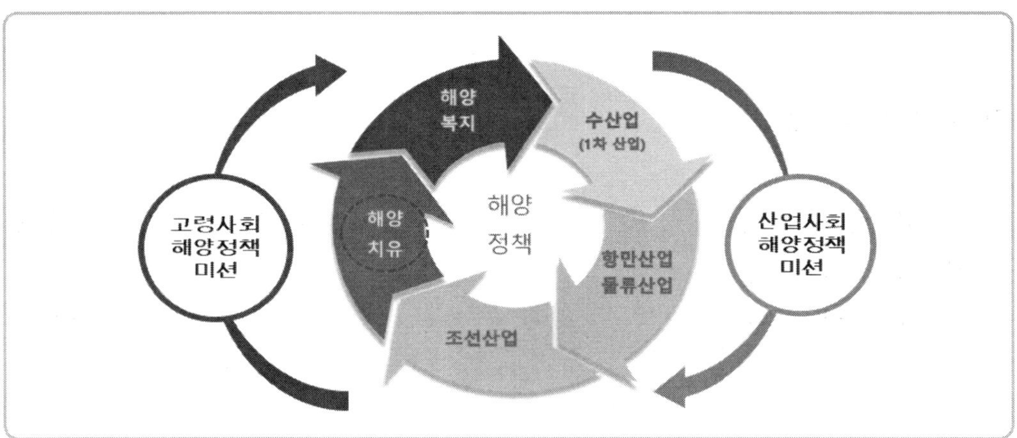

### (1) 해양치유 시범단지 선정(2017. 10)

① 해양수산부

- 해양치유산업의 발굴 및 육성을 위해 4개 지자체 선정

② 해양치유 시범단지 선정

- 경남 고성군, 경북 울진군, 전남 완도군, 충남 태안군

③ 4개 시범단지 대표자원

- 고성군 : 기후, 굴, 어패류
- 울진군 : 염지하수, 해송
- 완도군 : 해조류, 해사
- 태안군 : 소금, 갯벌머드, 피트(신소재)

고성군해양치유센터

울진군해양치유센터

완도군해양치유센터

태안군해양치유센터

## 2 해양치유정책

### 1) 국내

#### (1) 정책의 기본방향

전 세계적으로 자연 자원을 이용한 휴양 및 웰니스 시장의 성장과 더불어 삶의 질 개선을 위한 다양한 형태의 복지 수요가 발생하고 있다. 따라서 정부에서는 해양치유자원의 발굴 및 실용화를 위한 R&D 사업을 추진하였다. 한편, 국내외 해양치유 정책 동향 분석과 국민을 대상으로 한 국내 해양치유 및 해양 휴양·복지에 대한 인식을 종합해보면 해양을 통한 휴양·여가 수요는 지속적으로 증가할 것으로 전망되며, 해양치유에 대한 선

호도 또한 높아질 것으로 예상된다. 국내 해양치유 산업은 해양치유자원의 발굴과 사업 모델 마련을 중심으로 논의되고 있으며, 산업 도입의 타당성과 실용화를 검토하는 단계에 있다.

### (2) 정책의 과제 설정

해양치유자원의 특성을 반영한 치유 요법 활용 지침을 마련하는 한편, 관련 제도를 정비하고 민간 투자자를 유치할 수 있도록 휴양·레저·의료가 결합된 사업 모델을 마련하는 등 단계적으로 추진할 계획이다.

### (3) 정책추진과제

#### ① 해양 치유 및 해양 휴양·복지서비스에 대한 인식 제고

해양수산부는 해양을 기반으로 하는 신성장 동력 발굴과 지역 균형 발전을 위해 2017년부터 해양치유 R&D 사업을 추진하였다.

- 해양치유자원 과학적 효능검증(목표 30건, 성공 15건), 해사운동(뇌졸중), 해양파도소리(이명), 해수입욕(만성골반통), 해조류팩(무릎관절염), 해사운동(발목관절불안정), 해송산책(고혈압), 염지하수(아토피), 머드(요통) 등

#### ② 해양치유자원 발굴 및 프로그램 마련

해양치유 산업 활성화를 위해서는 해양치유자원의 발굴과 이를 활용할 수 있는 프로그램을 개발해야 한다.

#### ③ 해양휴양·복지서비스 공급 체계 마련

지역 주민에게 해양 휴양·복지서비스를 공급하기 위한 공간 조성이 필요하다.

## 2) 해외

### (1) 독일

① 독일의 치유 정책은 1884년 국가사회보장제도가 도입된 후, 1919년 1차 세계대전

희생자를 대상으로 한 치유법이 도입되면서 본격적으로 시행되었다. 이후 1970년대부터 지속적인 법제도 개선을 통해 국민들의 질병 건강 관리 및 사회보장을 위한 규정을 보완하고 있다. 독일의 치유 정책은 연령에 따라 중장년층까지는 일상생활과 직장으로의 복귀를 목표로 하며, 노년 및 고령층은 삶의 질 보장이 목적이다. 독일은 전 국민을 대상으로 치유를 통한 복지서비스 제공을 통해 휴식과 건강증진 기회를 제공하고 예방적 치유 및 재활치료를 통한 의료비 절감을 추진하고 있다. 아울러 이러한 정책적 목표하에 건강보험, 연금보험, 산재보험 등 보험을 통해 치유서비스 비용이 지원되며 재활, 건강 회복 등 목적별로 다양한 프로그램을 운영하고 있다. 독일은 치유 휴양지인 쿠어오르트를 중심으로 치유 서비스를 제공하고 있다.

② 독일 전역에 걸쳐 350개소 이상의 쿠어오르트가 분포하는데, 광천·온천, 크나이프, 기후, 라돈 등 치유 자원에 따라 다양한 유형으로 구분되며, 연안 지역에 위치한 쿠어오르트에서는 해양치유가 이루어지고 있다. 최근 10년 동안 전체 쿠어오르트 이용자 규모는 지속적으로 증가했는데, 해양치유 및 해수욕 쿠어오르트 이용자 증가율이 가장 높다.

③ 독일의 Kurort(휴양치유 지구)란 우수한 산림, 해양, 농촌의 환경이나 치유자원을 활용하여 휴양치유를 하는 지역이다. 산림치유휴양지인 Kurort(해양/산림 치유휴양단지)를 중심으로 사회보장보험에서 해양치유를 지원하고 있으며 방문객의 모델은 급성기 아닌 만성 호흡기, 순환기, 근골격계 질환 순이며 다음으로 피부, 정신건강, 소아청소년, 암, 뇌질환이다. 휴양치유지구로 선정되기 위해서는 국제적 기준과 규정에 따른 공간, 환경, 위생, 안전 관련 규격화된 시스템을 갖추어야 한다. 휴양치유산업(해양치유, 산림치유, 기후치유, 광천치유 등)은 웰니스(체류) 관광산업, 바이오산업, 의료서비스(휴양의학)산업을 연계하여 융복합 헬스케어 산업으로 육성하고 있다. 휴양치유와 관련, 바이오 및 의료를 연계하여 4차 산업시대 혁신 산업으로 지속적으로 육성하고 있다. 정부가 인프라 구축을 지원하는 초기 단계(2000년 이후)를 벗어나 현재에는 대부분 민간투자로 이루어지는 산업으로 활성화 단계이다. 휴양치유산업이 과학적 근거를 기반으로 안정적으로 이루어질 수 있도록 제도적, 행정적으로 지원하는 역할을 수행한다. 독일 전역에 350개 이상의 Kurort가 운영 중에 있으며, 직접지출비 45조원/년, 고용 인력 약 450,000명/년 이며 해양치유욕 및 해수욕 쿠어오르트는 97개소이다. 고용인력으로는 식이영양전문가, 운동치료사, 스트레스관

리 및 심신이완치료사 같은 휴양치유전문가와 물리치료사, 의료전문가 그리고 웰니스관광 전문가 등이 있다. 연 3조원의 의료비절감 효과도 있다(표 1-1).

[표 1-1] 한국과 독일의 치유의 종류

| 한국의 치유별 주무부 · 청 | | 독일 |
|---|---|---|
| 산림치유(산림청)<br>치유농업(농림부) | 해양치유(해수부)<br>의료(복지부) | 해양+산림치유+의료<br>= [휴양치유]<br><br>현재 350여개 휴양치유 단지<br>1) 해양치유 단지<br>2) 산림, 기후 크나이프, 피트 치유 단지 |

④ 독일의 경우 해양치유와 산림치유 그리고 의료적 시술이 복합되어 있는 휴양치유의 개념으로 발전하여 현재 약 350여개의 휴양치유단지가 있다. 휴양치유단지에서는 의사의 진료를 바탕으로 산림치유, 기후치유, 크나이프요법, 피트치유 등을 진행한다. 한국의 경우 산림청에서 진행하는 산림치유가 2012년에 시작을 하였고, 해수부 주관의 해양치유와 농림부주관의 치유농업이 2021년 시작하였다. 한국의 경우 의료, 산림치유, 해양치유, 치유농업이 각각 다른 영역으로 활동하고 있다.

㉠ 자연 인프라(hardware)
- 자연입지, 공간, 환경 시설

㉡ 서비스 전문화(software)
- 제공되는 치유/치유 프로그램 질
- 질환(또는 건강인) 대상 특화 프로그램
- 전문인 질적 수준 등

㉢ 혁신적 해양 바이오제품
- 식품, 용품
- 의료기기

자료 : Statistisches Bundesamt(독일연방공화국 통계청, 2015), Health Infra

PROJECT M 2016

- 대상 : 만성질환자, 건강인
- 목적 : 만성질환재활, 예방, 증상호전, 급성기치료
- 전문화 : 치유자원, 입지환경여건, 시설, 의료여건

  자료 : 독일 의사 저널, 독일휴양치유협회자료 유사

## (2) 프랑스

① 1899년 루이 유진 바고(Louis-Eugene Bagot) 박사가 로스코프(Roscoff)에 프랑스 최초의 해수요법 시설을 설립하였다.

② 1847년 세트(Sete) 지역에 해수를 활용한 의료목적 시설이, 1861년에 베르크쉬르메르(Berck-sur-Mer) 지역에 해양치유 병원이 설립되면서, 1865년 라 보나르디에르(La Bonnardiere) 박사가 'thalassotherapy'라는 용어를 창안하였다.

③ 1964년 사이클 챔피언 루이스 보벳(Louison Bobet)이 퀴베론(Quiberon) 센터를 설립하면서 탈라소테라피의 대중화가 촉진되었다.

④ 프랑스는 해양요법을 최초로 산업화한 국가로 남서부 연안 리조트 및 관광단지를 중심으로 휴양·관광형 해양치유서비스를 제공하고 있다.

⑤ 2020년 기준 프랑스 내에 프랑스 해양요법 협회인 프랑스 탈라소(France Thalasso)가 인증한 해양요법 시설 35개소가 운영 중이며, 2020년 기준 해양요법센터의 시장 규모는 1억 5,980만 유로로 추정된다.

⑥ 해양치유센터에서 시행하는 일부 요법을 건강보험에 등재하여 의사의 처방에 따른 해양치유서비스 이용 시 사회보장보험이 적용되어 국가가 비용을 지원한다.

⑦ 프랑스 탈라소는 협회 품질 헌장과 프랑스 표준화협회 기준을 활용하여 시설을 인증한다.

⑧ 협회 자체 품질 헌장과 프랑스 표준화협회인증(AFNOR XP X500-844 : Thalassotherapy Requirements for the service provision)을 활용하여 자연경관의 우수성, 천연해수 사용, 의학적 치료, 전문인력, 위생, 규격화된 시스템 등의 기준에 따라 시설을 인증한다.

⑨ 프랑스 표준화협회 인증은 탈라소테라피(Thalassotherapy)가 직접적으로 서비스되는 해양치유센터에 대하여 입지와 시설, 자원의 관리, 전문인력, 서비스 등에 대

해 규정하고 있다.

⑩ 프랑스 표준화협회 인증 세부 규정은 국제표준기구의 ISO 17680의 목적별 해수 사용시 수질 규정을 원용하는 등 구체적으로 수치를 제시하기보다 유관 법률을 따르도록 규정하는 방식이다.

⑪ 프랑스 표준화협회는 해양치유시설의 인증 기준으로 시설과 장비, 탈라소테라피 요구사항, 건강 및 안전 요구사항, 직원자격 요구사항 등 4가지 사항을 규정하고 있다.

⑫ 프랑스는 브르타뉴(Bretagne)의 로스코프(Roscoff)에 세계 최초 해양치유연구소를 설립했으며 프랑스 내 해양치유단지는 약 50개소가 운영되고 해양치유 전문기관 연합체인 '프랑스 탈라소(France Thalasso)'가 시설인증시스템을 구축하고 있고 해양치유를 건강요법의 일부로서 인정하여 건강보험이 가능하며 국가가 그 비용을 지원하고 있다.

⑬ 프랑스의 해양치유단지는 지리와 기후적 차이로 크게 세 지역에서 각각 그 특성과 효능을 달리하며 발전하였는데 첫째, 영불해협지역은 간만의 차가 심한 조수에 영향을 미치는 서쪽 바람으로 인해 공기에 요오드와 올리고당이 많이 함유되어 있고, 둘째, 대서양 지역은 남부 브르타뉴 지방에서 바스크 지방까지 프랑스 해안 대부분을 차지하는 지역으로 공기의 순도와 올리고당이 풍부하며, 셋째, 지중해지역은 연중 일조량이 많아 진정효과가 커서 육체 피로와 스트레스 해소에 적합하다.

⑭ 이 가운데 지중해 지역의 니스, 마르세이유 등 도시를 중심으로 프로방스 알프코트다쥐르(Provence Alpes Cote d'Azur)에 해양치유단지가 많이 형성되어 있다.

⑮ 프랑스 라 볼(La Baule) 지역은 12km 해안가에 해양치유를 테마로 한 마을이 형성되어 있으며 선수용, 지역 주민, 관광객을 대상으로 한 3개 종류의 치유시설이 구분되어 있고 단순 체험부터 시작해 일주일 체류프로그램 등 상품이 다양하며 해양치유뿐 아니라 다른 해양레저 및 운동도 가능하도록 되어 있다.

### (3) 일본

① 일본에서는 1988년 해양요법연구회가 결성되었고 1992년 오키나와에 프랑스식 해양치유시설을 도입하여 본격적으로 시작되었고 전국에 해양치유센터 29개소를 운영 중이다.

② 일본 대표적인 해양치유단지인 무로토 해양치유단지는 해양심층수를 이용한 치유시

설을 중심으로 해양심층수를 생산・판매・연구하는 종합단지를 갖추고 있으며 심층수, 해니, 해조, 태양광, 에어로졸 등을 이용한 해양치유프로그램을 운영하고 있다.

③ 1990년대 오키나와현에서 프랑스식 해양요법시설 도입과 함께 해양치유 산업이 시작됐다.

④ 현재 일본 전역에 약 26여 개소의 해양치유센터를 운영 중이며 오키나와 등을 중심으로 고령화 대응 및 부족한 의료기반을 보완하여 주민 건강증진 및 복지서비스로 활용한다.

⑤ 해양치유에 대한 정부 차원의 개입 없이 지역 대학 및 민간주도의 치유시설 및 종사자를 운영하는 등 자율적으로 성장하였다.

⑥ 일본의 해양치유는 전국에 26개의 건강증진형 시설, 탈라소 시설 병설 호텔이 존재하고 있다. 지역별로는 규슈・오키나와에 가장 많고, 그 다음으로 시코쿠와 반수 이상이 서일본에 존재한다.

⑦ 2015년 기준, 일본에는 23개소의 해양치유시설은 유형별로 건강증진시설형과 호텔 병설 리조트형의 해양치유시설로 분류된다.

⑧ 일본은 고령화에 대응하여 일상 건강관리를 통한 주민 건강과 복지 증진을 위한 수단으로 해양치유를 도입하였다.

⑨ 1990년대 오키나와현을 중심으로 해양치유가 도입되었으며, 지역의 노인과 재활이 필요한 환자의 건강증진, 회복, 치유, 복지서비스 제공 기반 확대를 위해 해양치유를 도입했다.

⑩ 오키나와현 내 구메섬의 해양요법센터에서는 해양심층수의 치유 효과에 대해 연구 중이며 해양요법의 치유 효과에 기초한 해양요법(탈라소테라피) 프로그램을 개발하기 시작했다.

⑪ 또한 바데하우스 구메지마는 해양심층수를 이용하여 주민들의 건강증진 프로그램을 제공하고 있다. 지역 주민들과 운동선수들이 많이 찾고 있다.

⑫ 최근 주목되는 해양요법의 하나는 지압을 뿌리로 둔 수압과 손에 의한 시술을 조합한 릴랙제이션법 WATSU(왓츠)요법이다. 해양 수영장에 부유하고, 전신의 힘을 빼서 테라피스트에게 몸을 맡기고, 수류와 자유롭고 다이나믹한 스트레칭을 통해 육체적인 해방감과 명상 상태를 이끌어내는 치유법으로 수면의 질적 개선 효과가 있다.

# 3 해양 · 산림 · 농림 융복합 치유개요

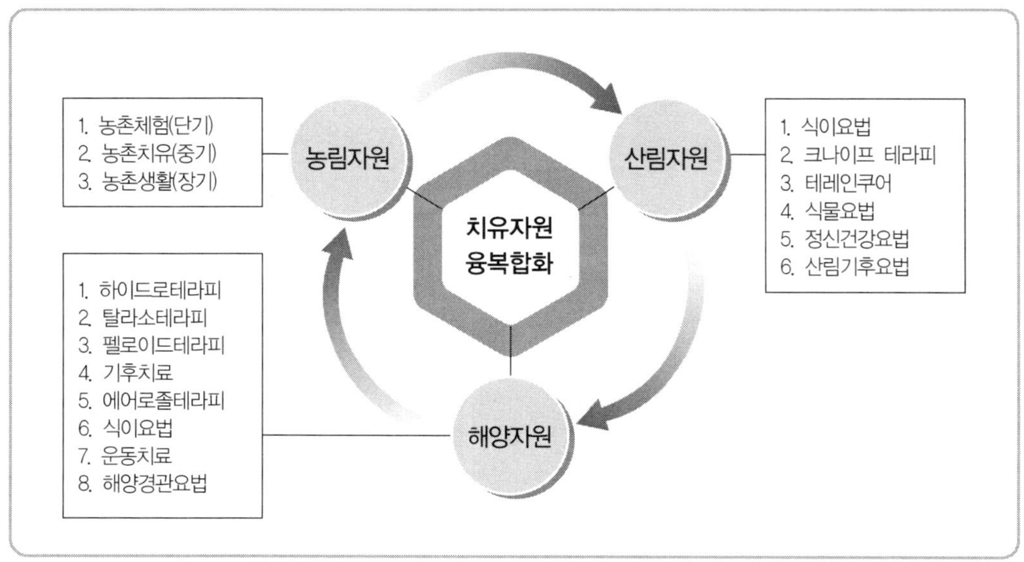


## 1) 해양치유

해양치유란, 해양의 다양한 자원을 활용하여 건강증진, 질병예방, 재활치료를 위한 활동을 말한다. 독일에서는 see healing bath(Seeheilbaeder)로 광의의 개념으로 프랑스에서는 협의의 개념으로는 thalassotheraphy로 국한하여 사용하고 있다(표 1-2).

[표 1-2] 해양치유 요법, 자원, 활용방안

| 요법 치유유형 | 활용 치유자원 | 활용방안 |
|---|---|---|
| ① 하이드로테라피 | 해수, 염지하수, 심층수 | 에어로빅, 피트니스, 배스 |
| ② 탈라소테라피 | 해수, 해조류, 기후 | jet/vichyshower, 아로마 |
| ③ 펠로이드테라피 | 피트, 머드, 팽고 | 배스, 랩핑, 도포, 작업치료 |
| ④ 기후치료 | 태양광, 청정공기 | 헬리오테라피, 테레인쿠어, 와상 |
| ⑤ 에어로졸테라피 | 해풍, 염분, 염전 | 호흡훈련, 워킹, 해풍욕, 흡입요법 |
| ⑥ 식이요법 | 해조류, 어패류 | 식단, 조리실습 |
| ⑦ 운동치료 | 해사, 해수, 해안로 | 테레인쿠어, 노르딕워킹 |
| ⑧ 해양경관요법 | (경관, 환경) | 해양명상, 요가 |

## 2) 산림치유

산림치유란, 산림의 다양한 자원을 활용하여 인체의 면역력 및 건강을 증진시키는 활동이다(산림복지진흥원). 해외에서는 forest healing, forest therapy, forest bath, wild therapy 등으로 사용되고 있다(표 1-3).

[표 1-3] 산림치유 요법, 자원, 활용방안

| 요법 치유유형 | 활용 치유자원 | 활용방안 |
|---|---|---|
| ① 식이요법 | 산채 이용한 음식, 임산물 가공식품 등 웰빙식품 | 산채요리, 산나물채취 및 요리 |
| ② 크나이프테라피 | 계곡, 약수터 음이온 물환경인자, 스파, 탁족시설 | 냉/온수욕, 온천욕, 음이온 요법 |
| ③ 테레인쿠어 | 지형요법코스, 심폐기 재활 | 지형요법, 운동, 산림욕 체조 등 |
| ④ 식물요법 | 식물환경: 산림욕장, 방향욕 | 산림욕, 아로마테라피, 산림작업 |
| ⑤ 정신건강요법 | 피톤치드, 숲환경 | 산림욕, 명상, 요가 |
| ⑥ 산림기후요법 | 피톤치드, 음이온, 바람, 햇빛 | 풍욕, 산림욕, 일광욕 |

### (1) 산림치유 개념

숲은 인간의 몸과 마음을 건강하게 한다. 산림치유는 질병 치료행위가 아닌 건강의 유지를 돕고, 면역력을 높이는 치유 활동이다.

### (2) 산림치유 배경

고령사회 진입과 건강에 대한 관심이 증가함에 따라 자연과 산림 안에서 건강을 회복하고, 삶의 질을 향상 시키려는 노력들도 증가하게 되었다. 특히 숲이 우리 인간에게 긍정적 효과를 미치는 과학적 근거들이 밝혀지고 있으며, 많은 국민들이 이러한 효과를 직접 경험하고 있다. 이러한 상황에서 정부에서는 2005년『산림문화 · 휴양에 관한 법률』을 제정하고 이후 '치유의 숲'과 '산림치유지도사' 등의 제도를 법제화하였고, 민간에서는 2006년 산림치유와 관련된 많은 전문가들이 모여 (사)한국산림치유포럼을 설립하였으며, 많은 연구와 활동들을 이어나갔다.

### (3) 산림치유 정의

산림치유 정의 및 개념에 대하여 연구자들마다 견해는 다소 차이점이 있지만, 숲이 우리 인체의 면역력을 높이고 건강증진을 도모한다는 점에서 공통점을 나타내고 있다.

과거에는 산림치유를 흔히 '숲 치유'라는 용어와 혼용해서 사용했었다. 산림치유 개념 정립을 위해 제5차 산림기본계획상 삶의 질 제고를 위한 녹색 공간 및 서비스 확충을 위한 세부 추진계획의 일부분에 산림치유 정의를 제시함으로써 이것이 제도적 근거가 되어 공식적으로 산림치유로 용어를 통일해 사용하게 되었다. 따라서 산림청은 산림치유에 대한 법적 제도 마련을 위해 「산림문화·휴양에 관한 법률」 제2조에 산림치유에 대한 정의를 마련하였으며 그 정의·개념들은 다음과 같다.

#### ① 법적 정의

산림치유란 "향기, 경관 등 자연의 다양한 요소를 활용하여 인체의 면역력을 높이고 건강을 증진시키는 활동"으로 정의하였다(산림문화·휴양에 관한 법률 제2조(정의)).

#### ② 행정적 정의

자연환경 중에서 숲이 가지는 다양한 물리적 환경요소(경관, 테르펜, 음이온 등)를 이용하여 인간의 심신을 건강하게 만들어주는 자연요법의 한 부분이다.

인체에 미치는 생리적·심리적 효과를 과학적, 의학적, 성과를 기반으로 체계적 프로그램을 통해 검증하고 그 결과를 토대로 산림을 심신치유에 활용한다(산림청).

산림치유는 숲에 존재하는 다양한 환경요소를 활용하여 인체의 면역력을 높이고 신체적, 정신적 건강을 회복시키는 활동으로 정의하였다(국립산림과학원, 2014).

#### ③ 학문적 정의

산림이 가진 여러 가지 보건의학적인 치유요소들을 활용하여 심신을 치유하는 것이다(김기원, 2006).

산림환경을 이용하여 심신의 건강을 증진시키는 모든 활동으로 그 효과가 과학적으로 검증된 것을 의미한다(박범진, 2010).

산림이 가지고 있는 다양한 자연환경요소 즉, 경관, 소리, 향기, 피톤치드, 음이온, 물, 광선, 기후, 지형 등이 인간의 신체조직과 생리적·감각적·정신적으로 교감하여 심신건강을 증진시키는 숲속활동이다(이연희, 2012).

### (4) 산림치유의 인자

#### ① 산림환경 요소

우리가 숲 속에서 신체적으로 건강해졌음을 느끼는 것은 숲 속의 다양한 요인들 덕분이다. 그 중 피톤치드는 산림치유 효과를 대표해 왔으나 실제 산림에서는 피톤치드 이외에 산림치유 원인이 되는 많은 요소들이 있으며 대표적으로 햇빛, 경관, 소리, 음이온 등을 예로 들 수 있다.

㉠ 경관

산림을 이루고 있는 녹색은 눈의 피로를 풀어주며 마음의 안정을 가져온다. 시간에 따라 변화하는 산림의 계절감은 또 하나의 매력으로 인간의 주의력을 자연스럽게 집중시켜 주어 피로감을 풀어주는 효과가 있다.

㉡ 피톤치드

피톤치드는 나무가 해충과 상처로부터 스스로를 지키기 위해 생성하는 물질이다. 피톤치드는 식물의 'Phyton'과 죽이다의 'Cide'의 합성어로 염증을 완화시키며, 산림 내 공기에 존재하는 휘발성의 피톤치드는 인간의 후각을 자극하여 마음의 안정과 쾌적감을 가져온다.

㉢ 음이온

일상생활에서 산성화되기 쉬운 인간의 신체를 중성화시키는 음이온은 산림의 호흡작용, 산림 내 토양의 증산작용, 계곡 또는 폭포주변과 같은 쾌적한 자연환경에 많은 양이 존재한다.

㉣ 소리

산림에서 발생되는 소리는 인간을 편안하게 하며, 집중력을 향상시키는 비교적 넓은 음폭의 백색음(White sound)의 특성을 가지고 있다. 산림의 소리는 계절마다 다른 특성을 가지며, 봄의 산림소리는 가장 안정된 소리의 특징을 보인다.

ⓜ 햇빛

산림에서는 도심보다 피부암, 백내장과 면역학적으로 인체에 해로운 자외선(UVB) 차단효과가 뛰어나 오랜 시간 야외활동이 가능하다. 햇빛은 세로토닌을 촉진시켜 우울증을 예방하거나 치료하는 방법으로 넓게 활용되고 있으며, 뼈를 튼튼하게 하고 세포의 분화를 돕는 비타민D 합성에 필수적이다.

ⓑ 산소

사람을 비롯해 모든 호기성 생명체의 세포호흡에는 산소가 필수적이다. 산소가 부족하면 세포는 정상적인 생명 활동을 하지 못한다. 맑고 깨끗하며 충분한 산소는 우리의 건강과도 직결되는데, 숲은 도시보다 1~2% 더 많은 산소를 함유하며, 우리 몸의 신진대사 및 뇌의 활성화에 도움을 준다.

### (5) 산림환경 요소의 효과

출처 : 한국산림복지진흥원

### (6) 산림치유의 대상

산림치유는 치료기관에서 치료를 받고 있는 중환자 이외의 심신의 회복과 휴양, 생활 습관 개선 등 신체와 정신의 건강을 원하는 모두가 대상이다.

### (7) 산림문화 · 휴양에 관한 법률

**산림문화 · 휴양에 관한 법률 주요 내용**

**[제1장 총칙]**

**제1조(목적)** 이 법은 산림문화와 산림휴양자원의 보전 · 이용 및 관리에 관한 사항을 규정하여 국민에게 산림문화 · 휴양서비스를 제공함으로써 국민의 삶의 질 향상에 이바지함을 목적으로 한다.

**제2조(정의)** 이 법에서는 사용하는 용어의 정의는 다음과 같다. <개정 2010.3.17., 2011.3.9., 2011.7.14., 2015.1.20., 2018.2.21., 2022.6.10., 2023.6.20.>

(1) "산림문화"란 산림과 인간의 상호작용으로 형성되는 정신적 · 물질적 산물의 총체로서 산림과 관련한 전통과 유산 및 생활양식 등과 산림을 활용하여 보고, 즐기고, 체험하고, 창작하는 모든 활동을 말한다.

(1)-2 "산림휴양"이란 산림 안에서 이루어지는 심신의 휴식 및 치유 등을 말한다.

(2) "자연휴양림"이라 함은 국민의 정서함양 · 보건휴양 및 산림교육 등을 위하여 조성한 산림(휴양시설과 그 토지를 포함한다)을 말한다.

(3) "산림욕장"(山林浴場)이란 국민의 건강증진을 위하여 산림 안에서 맑은 공기를 호흡하고 접촉하며 산책 및 체력단련 등을 할 수 있도록 조성한 산림(시설과 그 토지를 포함한다)을 말한다.

(4) "산림치유"란 향기, 경관 등 자연의 다양한 요소를 활용하여 인체의 면역력을 높이고 건강을 증진시키는 활동을 말한다.

(5) "치유의 숲"이란 산림치유를 할 수 있도록 조성한 산림(시설과 그 토지를 포함한다)을 말한다.

(6) "숲길"이란 등산 · 트레킹 · 레저스포츠 · 탐방 또는 휴양 · 치유 등의 활동을 위하여 제23조에 따라 산림에 조성한 길(이와 연결된 산림 밖의 길을 포함한다)을 말한다.

(7) "산림문화자산"이란 산림 또는 산림과 관련되어 형성된 것으로서 생태적 · 경관적 · 정서적으로 보존할 가치가 큰 유형 · 무형의 자산을 말한다.

(8) "숲속야영장"이란 산림 안에서 텐트와 자동차 등을 이용하여 야영을 할 수 있도록 적합한 시설을 갖추어 조성한 공간(시설과 토지를 포함한다)을 말한다.

(8)-2 "산림레포츠"란 산림 안에서 이루어지는 모험형 · 체험형 레저스포츠를 말한다.

(9) "산림레포츠시설"이란 산림레포츠에 지속적으로 이용되는 시설과 그 부대시설을 말한다.

(10) "숲경영체험림"이란 임업(『임업 및 산촌 진흥촉진에 관한 법률』 제2조제1호에 따른 영림업 또는 임산물생산업에 한정한다. 이하 같다)경영을 체험할 수 있도록 조성한 산림(산림문화 · 휴양을 위한 시설과 토지를 포함한다)을 말한다.

[시행일: 2023.12.21.] 제2조

## 3) 치유농업

치유농업이란, 농장 및 농촌의 자원, 환경을 활용해 정신적, 육체적 건강을 도모하는 활동으로 해외에서는 care farming, social farming, green care farming, farming for health로 사용되고 있다(표 1-4).

[표 1-4] 치유농업 유형, 자원, 활용방안

| 요법 치유유형 | 활용 치유자원 | 활용방안 |
|---|---|---|
| ① 농촌체험(단기) | 농업활동장소, 문화, 예술장소 | 전통문화역사지<br>농촌민교류(전통차, 제품 만들기)<br>생활체험 |
| ② 농촌치유(중기) | 팜, 식물정원, 동물사육장, 농촌 전통공간, 전원, 야외공간 | 원예치유, 예술치유(음악, 미술, 시치유), 아로마테라피 |
| ③ 농촌생활(장기) | 팜, 귀농 | 귀농, 직업으로서 농촌생활이 신체적, 사회적 건강을 위한 농작물재배 |

### (1) 치유농업 개념

농업·농촌자원이나 이를 이용해 국민의 신체, 정서, 심리, 인지, 사회 등의 건강을 도모하는 활동과 산업을 의미한다.

### (2) 치유농업 배경

농촌진흥청은 치유농업의 배경에 정신질환경험자 증가, 농업·농촌지역의 정주여건개선 필요, 생산중심에서 가치산업생태계 조성으로 전환이 요구되어 짐에 따라 '치유농업'을 본격적으로 추진하고 전문 인력을 양성하고 있다. 치유농업사는 농업·보건·상담·심리에 전문성을 갖추고 치유농업프로그램을 개발하고 실시하는 전문 인력으로 2021년부터 배출하고 있다.

### (3) 치유농업의 목적

치유농업은 국민의 건강회복·유지·증진을 위해 농업·농촌 자원과 이와 관련한 활동을 통해 사회적 또는 경제적 부가가치를 창출하는 산업이다.

더 건강하고 행복한 삶을 추구하는 사람들을 비롯해 의료적·사회적으로 치료가 필요한 사람들을 치유하는 것이다. 농사 자체가 목적이 아니라 건강의 회복을 위한 수단으로 농업을 활용한다.

#### (4) 치유농업의 범위

채소와 꽃 등 식물뿐만 아니라 가축 기르기, 산림과 치유농장, 치유마을, 치유농업기관 등 농촌문화자원을 이용하는 경우까지 모두 포함한다.

#### (5) 치유농업요소의 효과

① 원리

생물의 생리적인 작용과 인간의 행동에 영향을 미치는 심리작용에 원리가 있다.

② 식물을 매개한 효과

녹색환경, 농작업, 인적 상호작용의 조건 충족시에 만족할만한 효과를 본다. 오감, 양육 등이 효과에 영향을 준다.

③ 식물매개가 인간에게 미치는 영향

㉠ 신체적, 정신적 환경

신체적 · 정신적 건강증진

㉡ 인지적 효과

문제해결능력, 창의력 향상, 기억력, 인지기능향상 등에 효과

㉢ 심리적 효과

우울증, 스트레스, 감정조절, 자기효능감, 정서안정, 자기조절능력 등에 효과

㉣ 사회적 효과

사회구성원으로 의사소통원활, 대인관계형성 등에 효과

### (6) 농촌치유마을

농촌치유마을이란 농촌의 다양한 자원과 치유기법을 도입하여 치유목적의 방문객을 대상으로 치유프로그램을 운영하여 치유적 효과를 거양하고, 농촌특산물을 판매하기로 한다. 기존의 농촌체험마을과는 차별화되어야 하며 구체적으로 다음과 같다(표 1-5).

[표 1-5] 농촌체험마을과 농촌치유마을의 차이

| 구분 | 농촌체험마을 | 농촌치유마을 |
|---|---|---|
| 방문목적 | 체험 관광 | 치유 |
| 위치적 경쟁력 | 도시 근거리 지역 | 도시 원거리 지역 |
| 운영프로그램 | 체험프로그램 | 치유프로그램 |
| 숙박 기간 | 단기 | 중장기 |
| 전문적 기술 | 체험기획, 스토리텔링, 문화관광해설 등 | 치유농업, 숲치유, 수치유 등 |

### (7) 치유농업 연구개발 및 육성에 관한 법률

**치유농업 연구개발 및 육성에 관한 법률 주요 내용**

**[제1장 총칙]**

제1조(목적) 이 법은 치유농업 연구개발 및 육성에 관한 사항을 정하여 농업・농촌자원을 활용한 치유농업을 활성화함으로써 국민의 건강증진과 삶의 질 향상 및 농업・농촌의 지속가능한 성장에 이바지함을 목적으로 한다.

제2조(정의) 이 법에서 사용하는 용어의 뜻은 다음과 같다.

(1) "치유농업"이란 국민의 건강 회복 및 유지・증진을 도모하기 위하여 이용되는 다양한 농업・농촌자원(이하"치유농업자원"이라 한다)의 활용과 이와 관련한 활동을 통해 사회적 또는 경제적 부가가치를 창출하는 산업을 말한다.

(2) "치유농업시설"이란 치유농업과 관련된 활동을 할 수 있도록 이용자의 치유효과와 안전을 고려하여 적합하게 조성한 시설(장비를 포함한다)을 말한다.

(3) "치유농업서비스"란 심리적・사회적・신체적 건강을 회복하고 증진시키기 위하여 치유농업자원, 치유농업시설 등을 이용하여 교육을 하거나 설계한 프로그램을 체계적으로 수행하는 것을 말한다.

(4) "치유농업사"란 치유농업 프로그램 개발 및 실행 등 대통령령으로 정하는 전문적인 업무를 수행하는 자로서 제11조제1항에 따라 자격을 취득한 자를 말한다.

제2장

# 해양치유와 건강

1. 건강의 개념
2. 질병의 발생과 예방
3. 비전염성 질환 관리
4. 감염성 질환 관리

제2장

o c e a n h e a l i n g t h e o r y

# 해양치유와 건강

## 1 건강의 개념

### 1) 건강의 정의

건강의 정의는 시대와 역사의 변천에 따라 변화하여 왔으며 또한 같은 시대라 할지라도 개인이나 집단의 문화적 상태에 따라 다르다. 원래 건강은 신체적 개념에서 파악되었으나 19세기 중엽부터 건강개념은 신체개념(身體槪念)에서 심신개념(心身槪念)으로 이행된 바 있다.

"A sound mind in a sound body" 즉 건강한 정신은 건강한 신체에 있다는 뜻의 격언은 옛날부터 있었으며 정신과 신체를 별개로 분리해서 생각할 수 없다는 점을 말해 주고 있다.

즉, "건강이란 단순히 질병이 없고 허약하지 않은 상태만을 의미하는 것이 아니고 육체적, 정신적, 사회적 안녕이 완전한 상태"를 뜻한다. 이 정의에서 알 수 있듯이 건강은 신체적으로 고통과 불편이 없이 편안하고, 정신적으로 불안이나 긴장, 걱정이 없이 안정되고, 사회적으로 적합한 상태를 이상적인 건강의 수준으로 제시하고 있다. 여기서 사회적 안녕(social well-being)이란, 각 개인의 사회생활에 있어서 그 사람 나름대로의 역할을 충분히 수행하며 자신에게 부과된 사회적 기능을 다하여 사회생활에 잘 적응하고 있는 상태를 말한다.

최근에는 발전적인 개념으로 경제적(Economic), 지적(Intellectual), 영적(Spiritual)인 안녕까지 포함한 광범위하고 이상적인 정의를 내리고 있다. WHO는 다시 1957년에 건강에 대한 실용적인 정의를 내린 바, 즉 "유전적으로나 환경적으로 주어진 조건하에서 적절한 생체 기능을 나타내고 있는 상태"라고 하였다. 좀 더 구체적으로 말하면 연령, 성, 지역사회 및 지리적 조건 등 기본적인 특성에 따라 정해진 기준 가치의 정상범위 내에서 정상적으로 기능을 영위하고 있는 사람을 건강하다고 할 수 있다.

### 2) 건강의 성립조건

건강의 정의가 통합적이고 다양화됨에 따라 건강을 유지, 증진시키는 방법 또한 어느 특정한 분야에만 부분적으로 관여될 수 없으며 여러 요인이 상호 관련되어야 함을 알 수 있다. 건강의 성립조건으로 F. G. Clark는 삼원론을 제시하였다. 건강은 병인, 숙주, 환경의 3요인이 상호작용되어 성립된다고 하였으며, 즉, 병인이 우세하거나 환경이 병인에 유리하게 작용하면 건강이 저해되고 질병이 발생되며, 반대로 숙주가 우세하거나, 숙주에게 유리한 환경이 되면 건강이 증진된다고 한다. 따라서 이 3요인이 균형을 잘 이루고 있을 때 비로소 건강이 유지된다.

### 3) 건강을 결정하는 요인

1976년 미국의 보건교육후생성(75세 이전 사망원인 분석결과)은 개인의 건강을 결정하는 요인은 그 수를 열거할 수 없을 정도로 다양하고 복잡하지만 크게 유전적 요인(20%), 환경적 요인(20%), 개인의 생활습관(52%), 의료서비스(8%), 보건정책 등으로 구분하였다.

## 2 질병의 발생과 예방

### 1) 질병발생 과정

질병발생은 병인, 숙주, 환경의 균형이 파괴되었거나 병인 쪽으로 유리하게 작용되었음을 의미하여, 증상이 없는 병원성 이전 시기에서 시작하여 병원성기를 지나 완전히 회복되거나 또는 불구나 사망에 이르게 된다.

#### (1) 제1단계(비병원성기)

병인, 숙주 및 환경 간의 상호작용에 있어서, 숙주의 저항력이나 환경요인이 숙주에게 유리하게 작용하여 병인의 숙주에 대한 자극을 억제 또는 극복할 수 있는 상태로서 건강이 유지되고 있는 기간이다.

#### (2) 제2단계(초기 병원성기)

병인의 자극이 시작되는 질병 전기로서, 숙주의 면역강화로 인하여 질병에 대한 저항력이 요구되는 기간이다.

#### (3) 제3단계(불현성질환기)

병인의 자극에 대한 숙주의 반응이 시작되는 조기의 병적인 변화기로서, 전염병의 경우는 잠복기에 해당되고, 비전염성 질환의 경우는 자각증상이 없는 초기단계가 된다.

#### (4) 제4단계(발현성질환기)

임상적인 증상이 나타나는 시기로서, 해부학적 또는 기능적 변화가 있으며, 이에 대한 적절한 치료를 요하는 시기이다.

#### (5) 제5단계(회복기)

재활의 단계로서, 회복기에 있는 환자에게 질병으로 인한 신체적, 정신적 후유증(불구)을 최소화시키고, 잔여 기능을 최대한으로 재생시켜 활용하도록 도와주는 단계이다.

### 2) 질병 예방 대책

질병에 대한 협의의 예방은 질병발생을 억제하는 것이며, 광의의 예방대책은 다음과 같이 3단계로 분류할 수 있다.

### (1) 1차적 예방(질병발생 억제 단계)

질병의 발생을 사전에 방지하는 것을 목적으로 하는데 여기에는 두 가지 단계의 예방 수단이 적용된다.

① 건강증진(健康增進, health promotion)

질병예방의 가장 기본적인 단계는 적극적인 건강상태를 유지하고 증진하는 일이다. 이렇게 하기 위해서는 가정・직장・학교의 좋은 생활환경, 적절한 영양섭취, 쾌적한 의복, 오락・운동・휴식시설 등이 확보되어야 한다.

② 특이적 예방

개별적 질환의 병인대책을 말하는 것인데 이 경우에는 명확한 병인 파악이 우선하여야 한다. 감염병에 대한 예방접종, 예방목적의 약품, 사고의 방지대책, 직업병을 예방하기 위한 환경대책 등이 그 내용이다.

### (2) 2차적 예방(조기발견과 조기치료 단계)

질병발생을 억제하지 못한 경우 조기에 질병을 발견하여 치료하는 단계이다. 전염성 질환인 경우에는 전염기회를 최소화함으로써 질병의 전파를 막고 치료기간은 물론 경제력과 노동력의 손실을 감소시킬 수 있으며, 비전염성 질환은 질병을 조기에 발견함으로써 치료기간을 단축시키고 생존율을 증가시킬 수 있다.

### (3) 3차적 예방(재활 및 사회복귀 단계)

질병으로 인한 신체적, 정신적 손상에 대한 후유증을 최소화하고 장애를 남긴 사람들에게 물리치료를 실시하여 신체 기능을 회복시키거나(의학적 재활), 기능 장애를 최소한으로 경감시키고 남아 있는 기능을 최대한으로 활용하여 정상적인 사회생활을 할 수 있도록 직업훈련을 시켜주는(직업적 재활) 단계이다.

## 3 비전염성 질환 관리

### 1) 비전염성 질환의 개념

근년에 이르러 생활수준의 향상과 의학 및 예방의학의 발전으로 국민보건이 급격히 향상되어 이환율이나 사망률 그리고 질병의 양상에 큰 변화를 초래하였으나, 노년인구의 증가와 더불어 비전염성 질환 즉, 만성퇴행성 질환이 증가하고 있다. 만성질환이라는 어휘를 처음으로 쓰고 정의한 것이 미국의 National Commission on Chronic Illness이다. 그 정의를 보면 만성질환은 정상이 아닌 모든 손상과 이상을 포함한다. 즉, 영속성인 불구 상태, 회복불가능한 병변, 재활을 위한 특별한 훈련의 필요성이나 장기간의 보호나 감시의 필요성 중에서 최소한 한 가지 이상을 갖고 있는 상태라고 하였다. 병리학적으로 퇴행성, 대사성 및 신생물성 병변을 갖는 모든 질환을 비전염성 질환이라고 할 수 있다.

#### (1) 비전염성 질환의 역학적인 연구의 제한점

① 직접적인 원인이 존재하지 않는다.

대부분의 비전염성 질환은 하나의 직접적인 원인이 되는 요인이 없고 이를 진단하기 위한 특수 진단 방법도 없다.

② 원인이 다인적이다.

비전염성 질환은 원인과 관련되어 있는 요인들이 감염병보다 훨씬 복잡하게 얽혀 있다. 이러한 요인들은 대개 환경적인 것 뿐 아니라 인체의 생물학적인 특성과도 상호 관계가 있는 경우가 많다.

③ 잠재기간이 길다.

대부분의 비전염성 질환은 질환이 발생하기 전, 사람과 환경적인 요인이 서로 접촉하고 반응하는 상당히 긴 기간을 필요로 한다.

④ 질병발생 시점이 불분명하다.

대부분의 비전염성 질환은 이환시점을 정확하게 알 수 없다. 예를 들어 당뇨병의 이환시점, 고혈압의 이환시점, 동맥경화증의 이환시점 등은 모두 불분명하다.

⑤ 발생요인이 질병발생과 이환경과에 다르게 영향을 미친다.

역학 연구에서 또 하나의 어려운 점은 질병발생과 관련이 있는 어떤 요인이 질병의 이환경과에는 다르게 영향을 미칠 수 있다는 것이다.

## 2) 비전염성 질환 발생 관련요인

비전염성 질환이 연령의 증가에 따라 발생이 증가하여 노화현상의 하나로 인식 되기도 하였으나, 최근 많은 연구결과 연령증가에 따라 증가하는 현상은 비전염성 질환의 발생원인과 관계되는 각종 환경적 요인에 대한 노출이 연령이 증가함에 따라 계속 축적된다는 것, 연령의 증가로 내분비 계통에 변화가 일어난다는 것, 연령의 증가에 따라 면역학적인 기전이 변하는 것 등으로 설명되고 있다. 또한 발생원인도 감염병처럼 하나의 병인에 의해 발생되는 것(일요인성)이 아니라 여러 가지 요인이 복합적으로 작용하여 발생한다(다요인성). 몇 가지 관련 요인들은 다음과 같다.

### (1) 유전적 요인

혈우병, 당뇨병, 원인불명의 본태성 고혈압 등이 유전적 요인과 관계가 있는 것으로 알려져 있다.

### (2) 사회 경제적 및 정서적 요인

불안, 긴장, 초조, 걱정, 공포 등은 만성 질병을 유발하고 발생을 촉진시키며 또 이를 악화시킨다. 특히, 소화성 궤양이나 고혈압은 정신적, 신경적인 요인의 영향을 많이 받는다.

### (3) 작업적 요인

예를 들면, 미숙련공에게서 위암 및 자궁암 발생이 높고 금속공, 광부, 매연공에게서 폐암이 많이 발생하며, 화학물질 취급공에게서 방광암 발생이 높다.

### (4) 습관성 요인

일상생활습관이 비전염성 질환 발생에 크게 관여한다. 즉 과식, 과음, 과다 지방식, 식염 과다섭취, 자극성 있는 음식 등의 식습관과 규칙적인 운동여부는 중요한 관련 요인이다.

### (5) 기호성 요인

① 흡연

폐암을 비롯하여 체내 여러 기관의 암발생률이 높고, 만성 기관지염, 폐기종, 폐렴 등의 호흡기 질환 뿐만 아니라 관상동맥경화증을 비롯한 순환기계통 질환을 유발시키는 중요한 요소이다.

② 음주

만성 알콜중독자의 경우 간경화증, 간암 등의 발생이 높으며 동맥경화증, 뇌장애, 비타민결핍증 등과 관련이 크다.

### (6) 환경적 요인

각종 공해가 우리 인류의 건강에 악영향을 미치고 있음은 주지의 사실이나 이들 중에서도 특히, 만성질환과 관계가 있는 것은 대기오염이다.

## 3) 비전염성 질환의 예방

비전염성 질환의 예방은 감염병의 예방에 비하여 대단히 어려우며, 예방법을 알아내기도 힘들 뿐만 아니라 안다고 해도 실천하기가 매우 힘들다고 볼 수 있다. 비전염성 질환의 예방은 1차적 예방과 2차적 예방으로 나눌 수 있다.

### (1) 1차적 예방

일차적인 예방이라 함은 질병의 원인이 되는 요소들을 미리 제거하여 질병발생을 사전에 방지하는 적극적인 예방 방법을 말한다. 원인이 될 수 있는 요소들은 크게 환경적인 요인과 내적인 요인의 두 가지로 나누어 생각할 수 있다.

#### (2) 2차적 예방

현재 대부분의 비전염성 질환의 예방은 대개 이 방법에 의하여 이루어지고 있다. 즉, 조기진단, 조기치료가 여기에 해당하는 것으로 질병을 일찍 발견하여 치료함으로써 그 질병을 완전히 치유하거나, 경과를 늦추거나 또는 질병에 의한 사망, 불구를 가능한 적게 하는 방법을 2차적인 예방이라고 한다.

## 4 감염성 질환 관리

### 1) 감염병 유행의 3대 요인

#### (1) 감염원

감수성 숙주에게 전파시킬 수 있는 근원이 되는 모든 것을 의미하며 환자, 보균자, 감염동물, 오염식품이나 오염식기구 및 생활용구 등이 있다.

#### (2) 감염경로

감염원으로부터 감수성 보유자에게 병원체가 운반되는 과정을 말하며 접촉전염, 공기전파(비말전파), 동물매개전파, 개달물전파 등이 있다.

#### (3) 감수성 숙주

숙주의 병원체에 대한 저항력이 낮은 상태를 말하며, 감수성이 높은 집단은 감염병 유행이 잘 만연되지만 면역성이 높은 집단에서는 유행이 잘 이루어지지 않는다.

### 2) 감염병 생성과정

일반적인 질병발생 요소로서 병인, 환경, 숙주가 관계되는데, 즉 감염병 발생에는 병원체, 병원소, 병원소로부터 병원체 탈출, 전파, 병원체의 신숙주내의 침입, 숙주의 감수성 등 6개 요소가 연쇄적으로 작용하게 된다.

### (1) 병원체와 종류

숙주에 침입하여 특정한 질병을 일으키는데 필요한 미생물로, 일반적으로 병원체의 분류는 세균, 바이러스, 진균 또는 사상균, 리켓치아, 원충류, 후생동물 등으로 나눈다.

#### ① 세균

단세포로 된 식물성 생물체로 조직세포 내에서 번식하고, 견고한 세포벽을 가지고 있으며, 형태에 따라 3종류로 구분한다.

㉠ 간균 : 작대기 모양을 한 균으로 디프테리아, 장티푸스, 결핵균 등이 속한다.
㉡ 구균 : 둥근 모양으로 포도상구균, 연쇄상구균, 폐렴균 및 임균 등이 속한다.
㉢ 나선균 : 입체적으로 S형 또는 나선형인 균을 총칭하며 콜레라균이 속한다.

#### ② 바이러스

㉠ 병원체 중에서 가장 작고 광학현미경으로는 볼 수 없다.
㉡ 전자현미경으로만 볼 수 있고 열에 약하다.
㉢ 살아있는 조직세포 내에서만 증식하며 인플루엔자, 홍역, 뇌염, 소아마비, 유행성 간염, 에이즈, 광견병, 감기 등의 질병을 일으킨다.
㉣ 일반적으로 항생물질과 설파제에 대해 저항하므로 그 예방법은 면역적 방법과 예방접종이나 감염원을 피하는 것이 최선의 방법이다.

#### ③ 진균 또는 사상균

진균은 아포형성 식물로서 흔히 버섯, 효모, 곰팡이 등을 예로 들 수 있으며, 무좀 등 피부병을 일으킨다.

#### ④ 리켓치아

㉠ 세균과 바이러스의 중간 크기에 속하고 세균과 흡사한 화학적 성분을 가지고 있다.
㉡ 화학요법제에 대해 감수성이 있는 점이 바이러스와 다르다.

#### ⑤ 원충류

단세포 동물로서 말라리아, 아메바성이질 등이 대표적인 질환이다.

⑥ 후생동물

크기와 형태가 다양하여 육안으로 볼 수 있으며, 회충, 십이지장충 등이 있다.

### (2) 병원소

병원소란, 병원체가 생활하고 증식하면서 다른 숙주에 전파시킬 수 있는 상태로 저장되어 있는 장소로서 궁극적인 전염원이라 할 수 있다.

병원소의 종류에는 인간병원소, 동물병원소, 토양 등이 있다.

① 인간 병원소

㉠ **현성 감염자, 유증상자** : 병원체에 감염되어 자각적 또는 타각적으로 임상증상이 있는 사람으로서 흔히 우리가 환자라고 한다.

㉡ **불현성 감염자, 무증상자** : 병원체에 감염되었으나 임상증상이 아주 미약하여 본인이나 타인이 환자임을 간과하기 쉬운 환자로서 행동이 자유롭고 행동영역도 제한이 없어 감염병 관리상 중요 관리 대상이 된다.

㉢ **보균자** : 자각적, 타각적으로 임상증상이 없는 병원체 보유자로서 전염원으로 작용하는 감염자를 말한다.

② 동물 병원소

동물이 병원체를 보유하고 있다가 인간숙주에게 전염시키는 전염원으로 작용하는 경우로서 이런 감염병을 인축(수)공통감염병 이라고 하는데, 해당 동물과 감염병은 다음과 같다.

㉠ 소 : 결핵, 탄저, 파상열, 살모넬라증, 광우병

㉡ 돼지 : 살모넬라증, 파상열, 탄저, 일본뇌염

㉢ 양 : 탄저, 파상열

㉣ 개 : 광견병, 톡소플라스마증

㉤ 말 : 탄저, 유행성 뇌염, 살모넬라증

㉥ 쥐 : 페스트, 발진열, 살모넬라증, 렙토스피라증

㉦ 고양이 : 살모넬라증, 톡소플라스마증

③ 토양

토양은 진균류의 병원소로서 작용한다.

### (3) 병원소로부터 병원체의 탈출

병원소로부터 병원체의 탈출로는 병원체의 종류 또는 숙주의 기생 부위에 따라 다르며, 다음과 같이 분류할 수 있다.

① **호흡기계통으로 탈출** : 호흡기 감염병이 주가 되는데, 비강, 기도, 기관지, 폐 등의 부분에서 증식한 병원체가 외호흡을 통해서 나가며 주로 대화, 기침, 재채기를 통해 전파된다.

② **소화기계통으로 탈출** : 위장관을 통한 탈출로 소화기계 감염병이나 기생충 질환일 경우 분변이나 구토물에 의해서 체외로 배출되는 경우이다. 이질, 콜레라, 장티푸스, 파라티푸스, 폴리오 등이 여기에 해당된다.

③ **비뇨생식기계통으로 탈출** : 주로 소변이나 성기 분비물에 의해 탈출한다.

④ **개방병소로 직접 탈출** : 신체 표면의 농양, 피부병 등의 상처 부위에서 병원체가 직접 탈출하는 것을 말한다. 나병 등이 여기에 속한다.

⑤ **기계적 탈출** : 흡혈성 곤충에 의한 탈출과 주사기 등에 의한 탈출을 말하며, 발진열, 발진티푸스, 말라리아 등이 있다.

### (4) 전파

병원소로부터 탈출한 병원체는 다른 숙주에게 감염을 시켜야만 성장 및 증식이 가능하다. 탈출한 병원체가 새로운 숙주에게 감염시키기까지의 전파 형태는 크게 직접전파와 간접전파로 나누어진다.

① 직접전파

병원체가 매개체 없이 새로운 숙주로 직접전파되는 것으로 환자의 기침, 재채기 등에 의해서 발생하는 호흡기계 질병(감기, 결핵, 홍역 등)이나 신체적 접촉에 의해서 발생하는 질병(성병과 피부병 등)이 여기에 속한다. 기침, 재채기, 대화시 입 안에서 나오는 비말인 경우 2m 이내는 직접전파로 간주한다.

② 간접전파

배출된 병원체가 어떤 매개체를 통해 새로운 숙주에게 운반되는 과정을 말한다.

㉠ 비활성 매개전파

식품, 물, 생활용구, 완구, 수술기구 등 무생물 전파를 말하는데 이들을 구분하면 식품이나 물과 같이 섭취를 하는 것과 매개체 자체는 숙주의 내부로 들어가지 않고 병원체를 운반하는 수단으로서만 작용하는 개달물이 있다.

㉡ 활성 전파

활성 전파란, 생물에 의한 매개로 전파되는 것을 말하는데, 절지동물에 의한 것과 중간숙주에 의한 것이 있다.

### (5) 병원체의 신숙주내 침입

병원체의 침입 방식은 병원체의 탈출 방식과 대체로 일치하여 주로 호흡기계통, 소화기계통, 비뇨기계통, 점막, 피부 및 태반 등을 통해 침입한다. 병원체에 따라 침입 경로가 정해져 있고, 그 경로가 달라지면 감염이 안되는 것이 보통이다.

### (6) 숙주의 감수성

① 감수성

숙주 체내에 병원체가 침입하였다고 해도 반드시 감염 또는 발병되는 것이 아니고, 그 숙주가 감수성 상태에 있을 때 감염 또는 발병이 일어난다.

② 면역

면역은 선천면역과 후천면역으로 크게 나눈다. 선천면역에는 종속 저항력, 인종 저항력 및 저항력의 개인차가 있는데 이것을 자가 방어력이라 한다. 후천면역은 능동면역과 수동면역으로 구분되며, 능동면역은 자연능동면역과 인공능동면역으로, 수동면역은 자연수동면역과 인공수동면역으로 구분된다.

㉠ 능동면역 : 숙주 스스로가 면역체를 형성하여 면역을 지니게 되는 것으로 어떤 항

원의 자극에 의해서 항체가 형성되는 것을 말한다.

ⓛ 수동면역(피동면역) : 수동면역은 이미 면역을 보유하고 있는 개체가 가지고 있는 항체를 혈청 또는 기타의 수단으로 다른 개체에게 주는 방법을 말한다.

③ 감염병 관리대책

일반적으로 감염성 질환의 예방과 관리방법에는 전파과정의 차단, 면역증강, 예방되지 않은 환자에 대한 조치 등 3가지로 요약할 수 있다(표 2-1, 2, 3).

[표 2-1] 전파과정의 차단

| |
|---|
| 가. 병원소의 제거 |
| 나. 전염력의 감소 |
| 다. 병원소의 검역과 격리 |
| 라. 환경위생관리 |

[표 2-2] 면역증강

| |
|---|
| 가. 영양관리 |
| 나. 적절한 휴식과 운동 |
| 다. 충분한수면 등으로 일반적으로 저항력을 증강한다. |

[표 2-3] 예방되지 못한 환자에 대한 조치

| |
|---|
| 가. 조기진단과 조기치료 |
| 나. 필요시 격리하여 희생자 최소화 |
| 다. 제2차적 전파 예방 |

제3장

# 해양치유자원

1. 해양치유자원의 유형
2. 우리나라 해양치유자원과 특성
3. 독일, 프랑스의 해양치유자원
4. 해양치유자원과 치유가능질환

제3장

ocean healing theory

# 해양치유자원

## 1 해양치유자원의 유형

### 1) 해수, 염지하수

물은 인간에게 없어서는 안 될 필수요소다. 우리 몸의 70~80%는 물로 이루어져 있으며 물 없이는 우리 인간도 존재할 수 없다. 특히 해수는 바로 모든 생명의 시작점이다. 해수는 96.5% 순수 물과 3.5%의 다른 요소들로 혼합되어 있는데 이를테면 소금, 미네랄, 용해된 가스, 유기물질 그리고 용해되지 않은 입자들로 구성되어 있다.

#### (1) 해수의 염도, 미네랄, 바다에 따라 다소 다르다.

동해의 염도는 평균 3.45%, 북해에는 3.3%, 지중해에는 3.7%이다. 그러나 서해의 염도는 27%~33%로 높아 다른 바다의 거의 10배나 된다. 해수는 칼륨, 칼슘, 황, 마그네슘, 염화물과 같은 다양한 무기질과 구리, 아연, 망간, 요오드 같은 중요한 미량원소들을 함유하고 있다.

해수의 일반적인 구성은 대체적으로 사람의 피와 동일하다. 따라서 인체가 이를 특히 더 잘 흡수할 수 있고 더 빨리 조화롭게 활용할 수 있어 우리 몸 세포들의 영양 공급을 지원할 수 있다.

| 해수종류 | 활용법 | 자원별 효능 | 공통효능 |
|---|---|---|---|
| 표층수 | 입욕 | 아토피, 만성건선 | • 혈관 조절작용 훈련 (기능성)<br>• 면역체계강화<br>• 자율신경과 호르몬 분비조절<br>• 근육이완, 무통각개선, 결체조직, 연성개선, 혈액개선<br>• 기타 |
| | 입욕 | 피부장벽효능, 피부수분조절, 아토피 | |
| | 입욕+물리치료 | 무릎관절염 | |
| 용암해수 (염지하수) | 도포 | 피부보습 | |
| | 복합 | 고농도 미네랄 용액개발가능, 식품원료 활용 | |
| | 음용 | 만성 간독성 보호효과, 간의 항산화 및 항염증 효과 | |
| 해양 심층수 | 도포 | 아토피 | |
| | 음용 | 아토피, 습진, 당뇨, 혈당감소, 혈소판응집, 혈청지질농도 및 혈류속도 개선 | |
| | 입욕 | 아토피성 피부염 | |

[그림 3-1] 해수의 종류와 효능

### (2) 해수와 삼투압, 신체의 신진대사를 빠르게 한다.

신진대사란 음식물이 에너지원으로 빠르게 쓰이는 것을 말한다. 해수의 중요한 역할 중 하나는 우리 몸의 신진대사를 촉진하는 역할이다. 해수는 어째서 신진대사를 빠르게 하는 것일까? 그건 바로 삼투압의 영향 때문이다. 삼투압은 나트륨이나 소금 등의 염분 차이로 인해 물이 이동하려는 성질을 말한다. 물이 농도가 높은 쪽으로 이동해 양쪽의 농도를 같게 하려는 현상이 삼투압현상이다. 물속에 몸을 오래 담그고 있으면 손가락 끝이 쪼글쪼글하게 되는 이유도 삼투압 때문이다. 바닷물은 수돗물보다 삼투압이 높아 체액이 해수 쪽으로 이동해 몸의 부기를 가라앉힌다. 바닷물에 포함된 영양소가 피부세포뿐만 아니라 혈액을 통해 전해져 전신에 영향을 준다. 물속에 포함되어 있는 다량의 나트륨은 세포 내의 운반 시스템을 활성화시켜 다른 무기물들의 침투와 배출을 가능하게 만든다.

**해수 재활치료**
그룹이나 개인으로
수중운동치료사와 함께
해수풀에서 하는 재활치료

**왓추 테라피**
따뜻하고 편안한 물에서
몸을 유연하게 움직여 심신을
이완시키고, 임산부에게 효과적

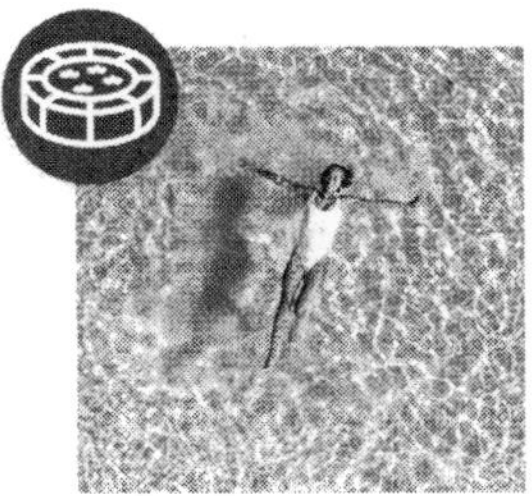

**부양욕**
해수에서 중력의 영향을
받지않는 상태로 몸 속의 순환을
원활하게 하여 신진대사 및
심신이완을 촉진시킴

**아쿠아 피트니스**
그룹이나 개인으로
수중운동치료사와 함께
해수풀에서 하는 운동치료

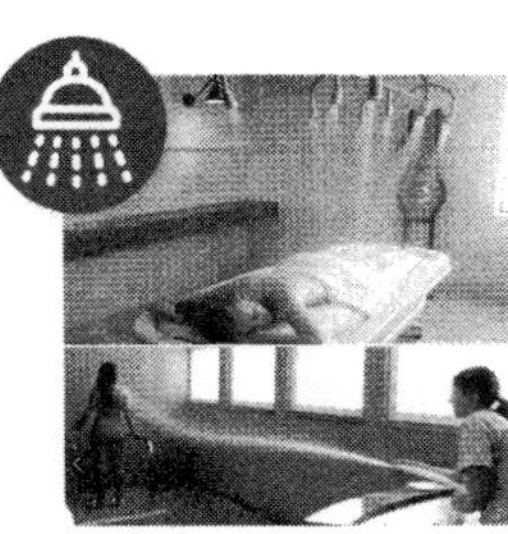

**비쉬/제트 샤워**
혈관과 피부를 자극하여
신경과 근육의 피로 회복,
마사지 효과 극대화

**심층수 음용법**
물로 강하게 희석시켜 3~5%
NaCl농도 유지, 매일 3회 음용

[그림 3-2] 해수/염지하수 활용방법

아울러 세포들에 유해할 수 있는 신진대사 생성물들을 세포 밖으로 제거하는 해독작용도 한다. 바닷물 속에는 신진대사에 중요한 역할을 하는 마그네슘 성분이 들어 있다. 마그네슘은 신진대사에 필요한 효소들의 활동력을 높여준다.

### (3) 해수, 엔돌핀(Endorphin) 호르몬 분비를 촉진한다.

국내에서 피로를 푸는 요법 중 특이하고 중요한 부분을 차지하는 것은 물이다. 바닷물은 엔도르핀 같은 호르몬 분비의 촉진을 자극한다. 엔도르핀이란 신체적, 정신적 스트레스 상황에서 고통을 덜어주기 위해 뇌에서 분비되는 호르몬이다. 암 환자들이나 근골격계 통증이 아주 심해 다른 통증제의 효과가 없을 때 의사들은 '모르핀(Morphine)'이라는 약을 최종적으로 처방한다. 그런데 엔도르핀은 모르핀보다도 200배 이상이나 강한 효과를 가진 호르몬이다.

### (4) 해수, 높은 양의 산소가 포함되어 있다.

미네랄과 미량원소에 더해서 바닷물의 높은 산소함유량도 큰 의미가 있다. 공기 중에는 산소 함유량이 대략 20%에 지나지 않는 것과 비교하면 바닷물은 높은 산소를 보유하고 있다.

① 욕조에 70% 높이가 되도록 따뜻하게 데워진 물을 채운다.

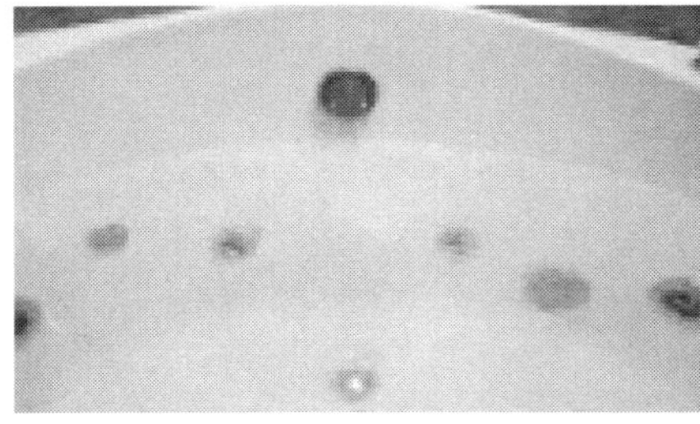

② 온도 체크(효능에 따라 다른 온도)

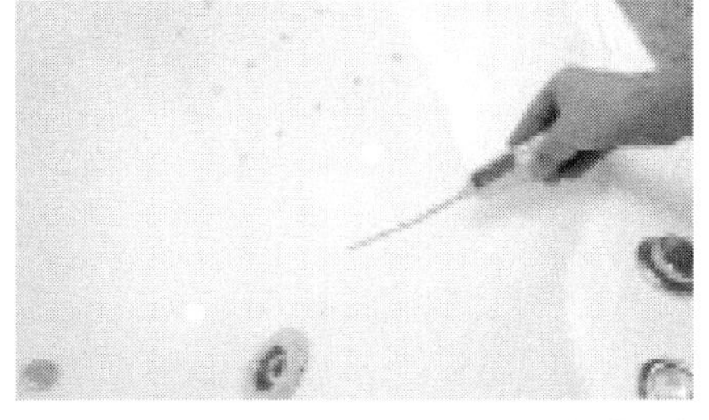

③ 입욕자세 안내: 배스 노즐 방향 고려, 벽면에 등이 닿도록 위치시킨다.

④ 욕조에 목 아래 까지 물에 담그고 심신을 이완시킨다(15~20분).

⑤ 마른 수건으로 닦아 내고 가운을 입힌다.

⑥ 준비해 놓은 미지근한 물이나 차를 마셔 수분을 보충한다.

[그림 3-3] 해수를 이용한 수치료

#### (5) 염지하수 기준

최근 들어 국내에서는 염지하수가 지역마다 개발되고 있다. 염지하수란 암반 대수층의 지하수로서 민물과 바닷물의 혼합물이다.

### 2) 해풍

바다에서 육지로 불어오는 해풍과 육지에서 바다로 불어오는 바람을 총칭한다. 해풍으로 신체를 차게 하고 신선한 공기에 노출되는 효과와 해풍에 들어 있는 염분, 오존, 요오드, 습기 등 다양한 성분 바람으로 코에 점액을 얇게 하며 폐기능을 강화시킨다.

[그림 3-4] 해양풍욕

#### (1) 해풍, 해안접경과의 거리에 따라 염분 농도에 큰 차이가 있다.

바다 향의 의학적 비밀은 다름 아닌 해풍에 있다. 해풍이 불어올 때 우리는 자연스럽게 소금기를 머금은 바람을 호흡을 통해 흡입하게 된다. 해변에서 해풍이 포함하고 있는 염분 농도는 해안접경으로부터 거리에 따라 10~100%로 다르다. 당연히 멀수록 염분 농도가 약해진다. 해풍의 염분은 파도가 칠 때 바람과 함께 해안가로 퍼져나간다.

#### (2) 해풍, 재응축 효과가 있다.

코를 통해 해풍으로부터 들어온 물방울에는 '재응축 효과'라는 것이 있다. 이런한 재응축 효과는 평소 기관지가 좋지 못한 환자들의 숨을 훨씬 편안하게 쉴 수 있도록 돕는 중요한 역할은 한다.

### (3) 해풍, 호흡기관 건강증진에 유익하다.

해풍에 함유되어 있는 염분은 호흡기관 전체에 매우 유익한 물질이다. 해풍의 염분은 기관지의 가래를 호흡기 밖으로 내보내고, 기관지를 확장시켜주며 항균작용과 세균침입을 막아 염증완화에도 도움을 준다. 소금기를 머금은 바다의 해풍은 도시먼지로 인해 끈끈하게 기관지에 달라붙어 있던 가래를 묽게 만들어준다. 가래를 쉽게 호흡기 밖으로 내보내줘서 호흡을 가볍게 해주는 효과가 있다.

### (4) 풍부한 음이온이 존재한다.

음이온이란 중성의 입자가 전자를 얻어 만들어지는 음전하를 띠는 물질이다. 반대로 중성의 입자가 전자를 잃어 양전하를 띠게 되면 이를 양이온이라 한다. 도시에는 양이온이 많이 발생하지만 해양 대기에는 음이온이 많이 존재한다.

### (5) 유럽 의사들이 천식, 기관지, 폐 환자들에게 해양치유를 권장하거나 처방한다.

프랑스나 독일 등의 유럽에서는 의사들이 천식이나 폐쇄성 폐질환의 치유를 위해서 해변 휴양단지에서 휴양하는 것을 권장하고 있다.

### (6) 주의해야 할 점

해안가를 걸을 때 절대 가벼운 몸차림으로 춥게 걸으면 안 된다. 특히 겨울철 바닷가는 춥고 쉽게 체온을 잃게 한다. 체온을 잃지 않도록 옷차림을 한 후 해풍을 즐겨야 한다.

## 3) 소금

### (1) 사해와 아토피, 건선 피부환자

사해는 커다란 소금 덩어리들이 뭉쳐있는 모습으로 마치 거대한 염전처럼 생겼다. 그만큼 염도가 높아 생물이 살지 못해 '죽음의 바다'라고 불린다. 사해의 물속에는 약 27~30% 정도의 엄청난 양의 소금이 포함되어 있다. 우리나라 동해의 평균 2~3%와 비교해 보면 10배 이상 많은 양이다.

#### (2) 소금으로 인한 부양력

소금의 농도가 높은 사해의 바닷물은 일반 물에 비해 밀도가 높다. 물의 밀도가 높아지면 사물이 물 위로 떠오르는 부양력이 생긴다. 우리의 교감신경을 안정시켜 신체적, 정신적 이완을 가져다준다.

### 4) 해양생물

- 해조류 : 미역, 다시마, 김, 우뭇가사리, 파래, 모자반, 톳, 매생이 등, 염생식물(함초, 칠면초, 해홍나물 등), 해초류 등 해양식물과 그것의 추출물
- 해양미생물 : 생리활성물질을 보유한 해양미세조류 또는 해양미생물
- 해양동물 : 수산자원과 추출물이 의학적 효능을 갖는 해양동물
- 생물의 부산물 : 동물의 껍데기(키틴), 피부(콜라겐) 등 효능 있는 부산물
- 해조류 유래 다당류 : 해조류에서 추출한 다당류로 치유 효능이 있는 것

#### (1) 해조류

흔히 해조류 하면 김이나 미역, 파래 등을 떠올리는 사람들이 많다. 그러나 우리가 알고 있는 해초는 실제 존재하는 해초에 비하면 빙산의 일각이다. 지금까지 알려진 해조류만 약 30,000종이 넘기 때문이다. 김이나 미역처럼 직접 음식으로 섭취하는 종도 있지만, 약 800종은 약제, 영양 보충제, 화장품 등에서 다양하게 쓰이고 있다.

#### (2) 해조류 분류

파래·청각 같은 녹조류, 미역·다시마 같은 갈조류와 또 김·우뭇가사리 같은 홍조류 이 세 종류의 해조류는 국내 바다에서만 몇 백종이 넘게 서식하고 있는 것으로 알려져 있다.

#### (3) 해조류와 산소 생산

해조류는 땅에 살고 있는 모든 생명의 1/3의 산소를 생산하고 있는 산소 공장이다. 특이한 점은 물에 사는 데도 불구하고 광합성을 책임지고 있는 높은 함량의 엽록소를 보유하고 있다는 것이다. 이를 통해 햇빛을 흡수하고 유용한 에너지와 산소를 방출하는 공장의 역할을 한다. 해초는 바닷물이 높은 산소량을 함유하는 주된 원동력이다. 육지 식물과는

달리 해초는 유해물을 저장하지 않고, 더럽혀지고 오염된 환경에서는 살아남을 수가 없다.

### (4) 미네랄과 비타민 생산

바다의 풍부한 영양소, 미네랄 등을 온몸으로 흡수해 그것으로 제 몸을 키우는 것이 바로 해조류이다. 종일 물살을 타고 흔들리면서도 뿌리가 뽑히는 법이 없는 해조류는 마치 잡초와 같이 끈질기게 수면의 바닥을 붙잡고 자라나며 다양한 영양소를 몸속에 저장한다.

### (5) 해조류 활용 요법

해조류는 식용으로 먹거나, 테라피용 트리트먼트로 해조류 팩을 하거나, 침수욕 시 입

해조류 식이요법

해조류는 분자가 커서 주로 식이섬유 공급원으로 이용된다. 수분을 제외한 당질이 30%, 단백질이 10%, 기타 미네랄과 무기질이 풍부하며 식물성 섬유질로 이루어져 있어 칼로리가 낮다.

해조류 바스

해조류 입욕은 노폐물 배출, 부종 완화, 체지방 감소, 피부 세포 재생의 효과가 있다. 종종 어린이들의 심리치료를 위한 놀이치료에 이용된다.

해조류 팩/랩

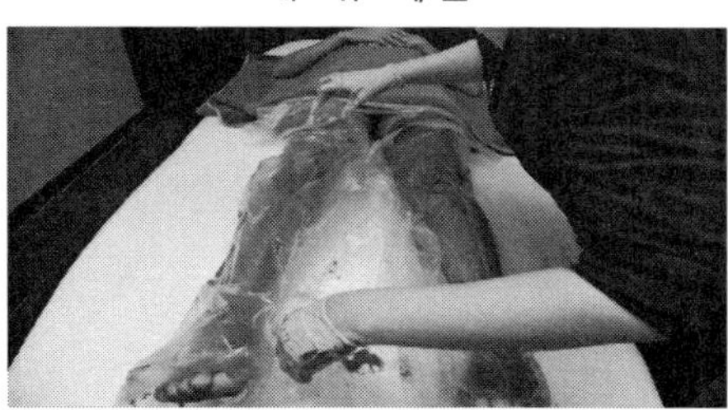

해조류를 이용한 팩은 탈염제품과 가염제품이 있으며 가염제품은 체중 감량이나 출산 후 산모의 부종 관리에 대중적으로 이용된다. 탈염제품은 주로 아토피 피부 치료에 사용된다.

해조류 마사지

해조류 추출 오일을 피부에 도포하는 마사지를 실시하기도 한다. 효능은 해조류 팩/랩의 경우와 같다.

[그림 3-5] 해조류 활용 요법

욕제로 활용되며, 해조류 트리트먼트의 경우 알고테라피(Algotherapy)라고 하여 탈라소테라피(Thalassotherapy)의 주요 트리트먼트이다. 피부에 적용할 경우 부종 완화, 지방분해, 살균, 진정작용, 피부 활력, 피부 재생, 염증 제거 등의 효과를 볼 수 있어 해조류의 의료적, 미용적 활용 분야는 매우 광범위하다.

#### (6) 해조류와 생리활성물질

해조류에는 생명을 유지시켜 주는 다양한 생리활성물질이 들어 있다. 생리활성물질은 생물체의 생명을 유지하기 위해 필요한 인체 활동을 촉진하거나 억제하는 화학물질이다.

#### (7) 유럽에서의 해조류 요법

유럽에서는 해조류 요법이 1750년 처음으로 언급되었다. 해초를 활용하는 전형적인 해조류 요법은 직접 식사를 통해 섭취하거나 보조식품을 통해 섭취하는 것이다.

### 5) 해양기후

#### (1) 용어의 정의

① **건강기후지수** : 기온이 높고 낮음에 따라 실제로 느끼는 춥고 더운 현상을 지수로 표현한 것

② **생활기상지수** : 일상생활에 미치는 날씨 요소들을 분석해 생활에 미치는 영향을 지수로 표현한 것

③ **보건기상지수** : 날씨변화에 민감한 질병에 대한 위험도를 지수로 표현한 것

④ **기상요소** : 청정공기, 자외선, 온도, 습도, 오존, 기압, 미세먼지 등

⑤ **안개일수** : 1년 중 시정 1km 미만의 안개와 낮은 안개가 나타난 일수

⑥ **쾌청일수** : 하늘 전체를 10으로 하고 덮여있는 부분이 전체에 대한 2.5/10로 나타난 일수

⑦ **통합대기환경일수** : 6가지 대기오염물질(PM10, PM2.5, 오존, 아황산가스, 일산화 및 이산화)별로 대기오염도에 따른 인체 영향을 고려하여 개발된 표현 지수

해양기후는 특별한 성질을 가지고 있어 인체에 유용한 바다의 중요한 치유자원이다.

해양기후의 특색을 분석해 요약해보면 다음과 같다(표 3-1).

[표 3-1] 해양기후 요소와 특색

| 해양기후 요소 | 특색 |
|---|---|
| 광선, 태양광, 음이온 | 강한 자외선 : 바다표면, 백사장, 머드로부터 반사되는 태양광, 많은 음이온 |
| 공기 기온 | 따뜻한 겨울, 서늘한 여름 : 서늘한 여름기온과 비교적 따뜻한 겨울기온은 휴식과 휴양에 도움 |
| 공기 습도 | 높음, 평균 85% 정도, 후덥지근함 : 높은 습도는 기관지와 피부가 건조해짐을 막아 줌으로써 기관지와 피부를 보호해줌 |
| 공기 청정도 | 청정함 : 바닷바람이 부는 방향에 따라 다르지만 일반적으로 청정하며 알레르겐이 적음 |
| 바람 | 강한바람 : 강하고 차갑지만 염분, 요오드를 포함하고 있고, 습도가 높음. 작은 입자는 기관지까지 도달함 |
| 해풍 염도 | 높음 : 바다접경으로부터 거리에 따라 다름. 바다접경지역은 NaCl 농도가 100%, 10~15m 떨어진 곳은 50% 정도임 |
| 바닷물염도 | 동해, 서해 평균 2~3%, 염도가 낮을지라도 해풍의 염을 함유한 물방울, 습도가 더해져서 인체에 유용함 |
| 소음 | 적음 : 파도소리 제외, 장소에 따라 다르지만 일반적으로 적음 |
| 알레르기 유발물질 | 바람 방향에 따라 다르지만 대부분 꽃가루, 먼지 등 알레르기 유발물질이 현저히 적음 |

### (2) 해양 대기온도, 습도

육지에 비해 높은 바닷물의 열용량 때문에 육지보다 바닷가의 온도가 겨울에는 높고 여름에는 낮은 현상을 보인다. 이유 중 하나는 육지가 물보다 일반적으로 더 빨리, 그리고 강하게 따뜻해지는 만큼 빨리 식기 때문이다. 직접적인 바다 주변의 공기는 응축된 바닷물을 함유하고 있어 습도가 높은데 이는 호흡과 피부를 통해서 몸속과 몸 표면에 유용한 효과를 미친다. 바다 공기를 흡입했을 때 습도함량이 보통처럼 다시 환경으로 내보내지는 것이 아니라 인후와 기관지 중추에 응축액으로 침전된다는 의미이다.

### (3) 빛, 광선

물과 모래의 반사작용 때문에 육지에서보다 햇빛의 자외선이 더 강한 영향을 미친다. 자외선을 올바로 처방했을 때 심장, 근골격계, 피부 건강에 중요하며 우울증이나 갱년기

질환에도 효과가 탁월하다. 또한 인체의 면역력을 높여줄 뿐만 아니라 피부 혈액순환을 증가시키며 다양한 아토피, 건선 등 피부질환에 특별한 효과를 나타낸다.

### (4) 알레르겐(알레르기를 유발하는 인자)

바다 기후에 직접적으로 노출이 되어 있을 때 먼지와 꽃가루같이 알레르기를 일으키는 알레르겐 적재량이 매우 낮기 때문에 알레르기성 문제를 지니고 있는 사람들이 확연히 부담감을 없애주는 느낌을 체험한다. 그러나 알레르기성 문제를 갖고 있지 않은 사람들에게도 풍부한 산소, 청정한 바다 공기를 포함하고 있는 바다 기후는 다양한 효과를 가지고 있다.

### (5) 해양에어로졸

해양의 공기 중에 스프레이 형식으로 존재하며 수분, 염분 요오드를 함유하고 있다. 1–5 마이크로미터 정도의 입자는 기관지까지 도달할 수 있다.

공기의 소금함량은 특히 피부와 인후에 좋다. 물론 양은 바다의 소금 함유량에 따라 좌우된다. 고운 물방울들로 분리된 물질들은 흡입실에서와 같이 폐에 깊이 스며든다. 바다 기후는 호흡기의 가래를 삭여 쉽게 호흡기 밖으로 배출하는 것을 도와준다.

[그림 3–6] 해양에어로졸

### (6) 해양기후가 영향을 미치는 대표적 질환

① 잦은 감기 예방

② 비알레르기성 폐질환(만성 비염, 만성 기관지염)

③ 피부질환(아토피, 건선)
④ 천식
⑤ 우울증
⑥ 골다공증

## 6) 해양 5감

### (1) 해양 5감 자원

해양에는 산이 주는 5감과 다른 5감이 있다. 푸른 색깔의 바다, 리듬을 가지고 규칙적으로 반복되는 바닷소리, 바다 특유의 냄새, 시원한 백사장, 배후의 산림 등 바다가 주는 공간은 사람에게 편안하고 쾌적한 환경을 안겨준다. 편안함과 쾌적함은 스트레스 호르몬 분비를 줄이고 교감신경을 자극해 정서적, 신체적 안정감을 가져다준다. 최근 의료계에서는 다양한 면역요법을 통해 자가 치유능력을 높이는 데 집중하고 있다. 치료제가 없는 신종 바이러스나 질병들이 계속해서 생겨나고 있기 때문이다. 그에 저항할 수 있는 것은 강한 면역력 뿐이다.

### (2) 해양 5감 자원을 활용하는 유럽의 해양치유단지

해양 배후에는 해양을 활용한 치유단지가 있다. 해양치유단지에는 산림치유단지와는 방문하는 대상이 약간 다르다. 청정한 공기와 해풍, 심신안정, 햇빛을 통한 자외선 등의 다양한 요소들은 우리 인체에 복합적으로 작용하는 치유자원이다.

# 2 우리나라 해양치유자원과 특성

| 해양치유자원 | | 특성과 건강증진효과 |
|---|---|---|
| ①<br>해수 | 표층수(일반해수) | 주요성분(Na, Cl, Mg, SO4, Ca, K 등), 미량성분(Fe, Cu, Ni, V, Sc 등), 영양염류(C, N, P 등) 등이 이온상태로 풍부하게 존재하는 해수 |
| | 심층수 | 빛이 도달하지 않는 수심 200m 이하의 심해에 존재하는 바닷물로서 일반 표층수에 비해 무기영양염류가 풍부하고 햇빛이 도달하지 않아 병원균 및 유해물질이 없고 미네랄 밸런스가 우수한 해수 |

| | | |
|---|---|---|
| | 염지하수 | 해저 암반대수층의 지하수로 암반을 투과하며 걸러진 암반해수와 육지의 빗물이나 강물이 여과되어 지하암반층에서 혼합되어진 물로 용존 고물 함량이 2000mg/L 이상인 물. 용암해수, 해수온천(25도 이상), 광천수 등도 지하수에 포함시킬 수 있음 |
| ② 해양 생물 | 해조류 | 미역, 다시마, 김, 우뭇가사리, 파래, 모자반, 톳, 매생이 등, 염생식물(함초, 칠면초, 해홍나물 등), 해초류 등 해양식물과 그것의 추출물 |
| | 해양미생물 | 생리활성물질을 보유한 해양미세조류 또는 해양미생물 |
| | 해양동물 | 수산자원과 추출물이 의학적 효능을 갖는 해양동물 |
| | 생물의 부산물 | 동물의 껍데기(키틴), 피부(콜라겐) 등 효능 있는 부산물 |
| | 해조류 유래 다당류 | 해조류에서 추출한 다당류로 치유 효능이 있는 것 |
| ③ 해양 광물 | 해염 | 염전에서 바닷물을 증발시켜 만든 소금. 기능성 물질을 첨가하여 기능성 식품으로 사용이 가능함 |
| | 머드 | 미네랄, 염화물, 마그네슘, 칼슘, 칼륨 등이 풍부한 바다 밑바닥에 가라앉아 있는 진흙, 점토성 물질과 동식물들의 분해 산물과 토양, 염류 등이 퇴적되어 형성된 광물질 |
| | 해사 | 해안이나 하구 근처에서 채취할 수 있는 모래 |
| ④ 해양 기후 | 태양광 | 자연광선으로 파장에 따라 가시광선, 자외선, 적외선으로 구분되 건강에 중요한 영향을 미치는 자외선은 파장의 길이에 따라 자외선(UVA, UVB, UVC)으로 구분됨. 그중 비타민D 생성에 중요한 자외선B는 치유자원의 대상이 됨, 자외선은 살균효과, 물질대사 촉진, 면역력 증가에 효능이 있음 |
| | 해양 에어로졸 | 해양의 공기 중에 스프레이 형식으로 존재하며 수분, 염분, 요오드를 함유하고 있음, 1~5 마이크로미터 정도의 입자는 기관지까지 도달할 수 있어 폐 건강증진에 유익한 에어로졸 |
| | 해풍 | 바다에서 육지로 불어오는 해풍과 육지에서 바다로 불어오는 육풍을 총칭함, 해풍으로 신체를 차게 하고 신선한 공기에 노출되는 효과와 해풍에 들어 있는 염분, 오존, 요오드, 습기 등 다양한 성분바람으로 코에 점액을 얇게 하며 폐기능을 강화시킴 |
| | 건강기후 지수 | 기온이 높고 낮음에 따라 실제로 느끼는 춥고 더운 현상을 지수로 표현한 것 |
| | 생활기상 지수 | 일상생활에 미치는 날씨 요소들을 분석해 생활에 미치는 영향을 지수로 표현한 것 |
| | 보건기상 지수 | 날씨 변화에 민감한 질병에 대한 위험도를 지수로 표현한 것 |
| | 기상 요소 | 청정공기, 자외선, 온도, 습도, 오존, 기압, 미세먼지 등 |
| | 안개 일수 | 1년 중 시정 1km 미만의 안개와 낮은 안개가 나타난 일수 |
| | 쾌청 일수 | 하늘 전체를 10으로 하고 덮여있는 부분이 전체에 대한 2.5/10 이하로 나타난 일수 |
| | 통합대기 환경지수 | 6가지 대기오염물질(PM10, PM2.5, 오존, 아황산가스, 일산화 및 이산화)별로 대기오염도에 따른 인체 영향을 고려하여 개발된 표현지수 |

## 3 독일, 프랑스의 해양치유자원

| 치유자원 | 활용방법 | 세부내용 및 시설 |
|---|---|---|
| ① 해수 | 아큐레이션 | 따뜻한 바닷물의 미세한 샤워를 통해 휴식 증대 |
| | 안마 샤워 | 샤워 노즐을 통해 비처럼 내리는 물 밑에 누워 신체를 마사지 |
| | 제트샤워 | 샤워기를 통해 해수를 고압 분사시켜 신체를 직접 압박 자극 |
| | 수중샤워마사지 | 욕조에 전신을 담그고 1~4기압의 물을 물속에서 뿜어 신체를 자극, 독소제거, 신진대사 향상, 근육이완 효과 |
| | 버블베스 | 욕조 내 버블을 발생시켜 조직의 산소 공급 및 근육이완 |
| | 하이드로 마사지 풀 | 의도적으로 설계된 코스와 제트분사를 이용하여 부력, 저항, 수압, 물흐름 등을 인공적으로 생성, 수영을 하지 않아도 운동효과를 얻을 수 있으며, 33~36℃ 온도차를 이용한 이완, 면역력 상승, 혈액순환, 근골격계 증상 완화 |
| | 아쿠아짐 | 물속에서 운동 및 활동을 함으로써 물의 부력으로 인한 관절의 부담을 줄이고 물의 저항을 통해 운동 효과를 높임 |
| | 수영, 아쿠아 피트니스 등 | 실내, 실외 수영장풀 |
| | 부양욕, jet shower, Vichy shower 등 | 부양욕실, 수치료실, 휴게실 |
| | 해수온천, 흡입치료, 도포치료(피부) | 흡입치료실, 수치료실 |
| | 크나이프 수치료 | 크나이프 수치료시설(냉·온탕) |
| ② 해양생물 | 해조류탈라소: 스파, 해조류팩, 해조류젤 | 수치료실, 스파, 마사지실, 휴식시설 |
| | 해조류 추출물 마사지 | 수치료실, 또는 마사지실 |
| | 해조류 추출물 아로마 | 심신이완실, 또는 수치료실 |
| | 해조류 중심 다이어트요법, 식단 | 식당, 실습실 |
| | 해초 랩 | 해초 크림을 신체에 도포해 피부 및 신체에 활성성분, 미네랄 보충, 신체 독소 제거와 함께 근육이완 촉진으로 혈액순환 활성화 |
| ③ 해양광물 | 머드/피트 배스(입욕) | 갯벌, 휴식시설 등<br>40~50℃로 데워진 묽은 머드 및 모아가 담긴 욕조에 전신을 담궈 신진대사 촉진, 근골격계 통증완화, 심신 이완 |

| | | |
|---|---|---|
| | 도포 | 수치료실 또는 갯벌 |
| | 머드 팩(마사지), 랩핑 | 머드를 전신 또는 신체 일부에 도포하여 독성물질 제거<br>패드로 신체에 부착해 관절염 증상 완화, 신진대사 촉진 |
| | 작업치료 | 작업치료실 또는 갯벌 |
| | 테레인쿠어 | 테레인코스(난이도 1~5 단계 있음) |
| | 운동치료, 스포츠 | 해사, 해변 |
| | 노르딕워킹 | 해사와 해수의 접경지 |
| | 온열치료 | 백사장 |
| | 염전걷기, 염전산책 | 염전 증발이 많은 시간에 자연 그대로의 염전사이 길 또는 파도경계(10m 이내) |
| | 해염 팩 | 수치료실 |
| | 온열 팩 | 온열치료실 |
| | 흡입치료 | 해안가, 흡입실, 소금동굴 |
| | 해양 스크럽 | 소금 등을 신체에 문질러 피부 노폐물 제거 |
| ④<br>해양기후 | 기후치료 | 기후치료사의 안내에 따라 해변에서 에어로졸서프 지역의 기후변화를 이용한 치료 |
| | 해안가 운동 | 산책, 요가 등 해안가에서의 운동을 통한 에어로졸 분포 지역의 신선한 바다공기를 신체 내 공급 |
| | Stress management:<br>해양풍경감상,<br>파도소리감상,<br>내음맡기 등 | 해안 파빌리옹, corb 또는 방해나 소음이 없는 실내 |
| | Relaxation therapies:<br>자율훈련요법,<br>근육이완요법,<br>명상, 요가 | 해안 피빌리옹, corb, 또는 방해나 소음이 없는 실내 |
| | 크나이프테라피 | 크나이프 수치료실, 운동, 식이, 허브치료, 생활리듬치료<br>크나이프 시설, 정원시설 |
| | 스포츠, 레저, 휴식 등 | 해변, 산림 또는 실내 |

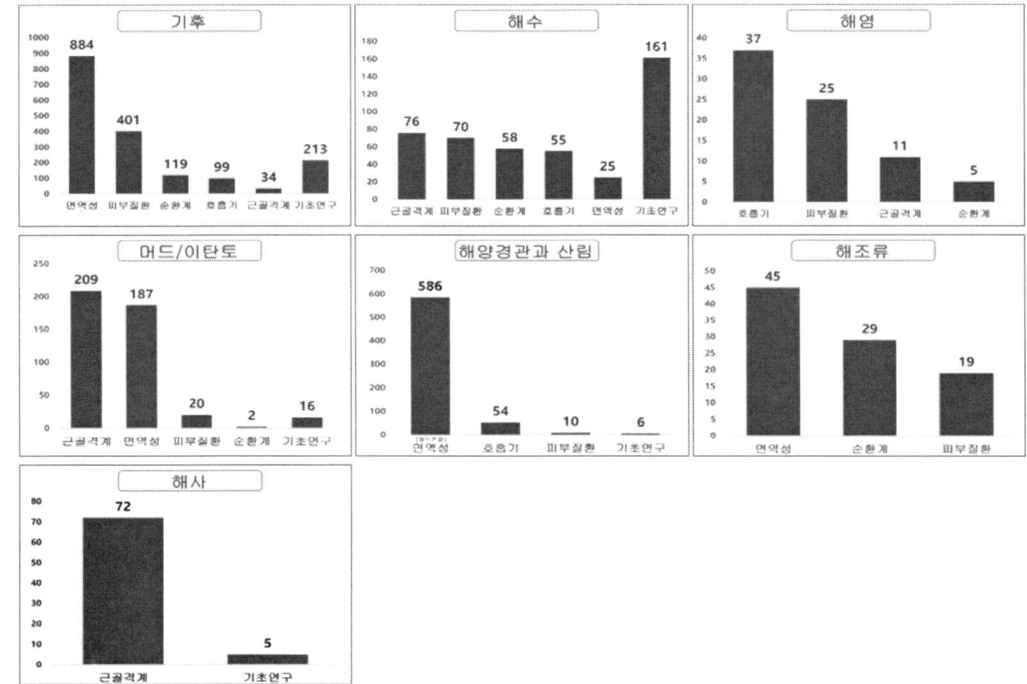


[그림 3-7] 해양치유자원의 대상에 따른 효능(자료 : pubmed(1998~2018))

## 4 해양치유자원과 치유가능질환

| 치유자원 | 피부계 | 심혈관계 | 근골격계 | 호흡기계 | 심신치유 | 대사질환 | 체중감량 |
|---|---|---|---|---|---|---|---|
| 해양기후 | ○ | | | ○ | ○ | | |
| 해양경관 | ○ | ○ | | | ○ | ○ | ○ |
| 해수 | ○ | ○ | ○ | ○ | ○ | ○ | ○ |
| 해염 | ○ | | ○ | ○ | | | ○ |
| 해사 | | ○ | ○ | | ○ | ○ | ○ |
| 머드(피트) | ○ | ○ | ○ | | | ○ | ○ |
| 해송 | ○ | ○ | ○ | ○ | ○ | ○ | ○ |
| 해조류 | ○ | ○ | | | | ○ | ○ |

제4장

# 해양환경

1. 해양환경개요

1) 기후의 이해 2) 기후의 변화

3) 지구와 해양구조 4) 해양오염의 이해

5) 해양환경 보존

제4장

ocean healing theory

# 해양환경

## 1 해양환경개요

### 1) 기후의 이해

#### (1) 기후

Hann(1971)이 정의한 개념을 보면 “기후란, 어떤 장소에서 매년 반복되는 정상 상태에 있는 대기현상의 종합된 평균 상태이다.”라고 하였다.

기상이란, 대기 중에서 일어나는 물리적 자연현상으로서 맑고, 흐리고, 눈, 비, 바람, 고기압, 저기압 등의 대류권 내의 자연현상을 의미하며, 일기란, 하룻 동안의 대기현상을 종합한 것이라고 할 수 있다. 기후를 형성하는 기후요소는 기온, 기습, 기류, 기압, 강수, 구름의 양 및 일광의 조사 등이 있다. 기후는 위도, 고도, 지형, 수륙분포, 해류 등의 기후인자가 상호작용하여 여러 가지 기후 형태를 조성한다.

① 기후요소

기상현상에 영향을 미치는 기후요소는 기온, 기습, 기류, 기압, 강우, 강설, 구름, 일광, 복사열 등이 있으나 기온, 기습, 기류를 기후의 3대 요소라고 한다. 이들 기후요소에 영향을 미쳐서 기후의 변화를 일으키는 기후인자는 위도, 해발고도, 수륙분포, 지형 등이 있는데 이들 기후요소나 기후인자에 따라서 여러 가지 기후의 성질을 만들게 된다.

② 기후형

대륙권 내에 형성되는 물리·화학적으로 동질의 성질을 가진 기단은 온기단과 냉기단으로 구분되며, 온기단이 냉기단으로 이동하면 온난전선, 반대이면 한랭전선이라 하고 한랭전선은 보통 다습하며 가벼운 온난전선을 밀어올려 비를 내리게 한다.

### (2) 기후와 보건

① 기후순화

지구상에 생존하는 모든 생물들은 기후의 어느 범주까지는 적응해 나가면서 생존하는 순응현상이 생긴다. 생물이 다른 지역으로 이주하였을 때 환경의 새로운 조건에 적응하여 이주지역의 기후에 기질적, 기능적 변화를 일으켜 순응하는 현상을 기후순화라고 한다. 기후순화에는 개인의 연령, 성별, 체질에 따라 개인차가 있는 개인적 순응과 특정 종족에 따라 다른 종족적 순응으로 구분되며 기후 변화에 순화해 가는 기전은 순화 대상에 따라서 다음과 같이 구분한다.

㉠ **대상성 순응** : 새로운 환경조건에 세포 또는 기관이 그 기능을 적응시키는 것을 말한다.

㉡ **자극적 순응** : 환경 자극에 의해 저하되었던 기능이 정상적으로 회복되는 것을 말한다.

㉢ **수동적 순응** : 약한 개체가 자신에 대한 최적의 기능을 찾는 것을 말한다.

② 기후와 질병

기후의 특성과 질병발생은 상호 연관 관계가 있는데 풍토병, 계절병, 기상병으로 구분할 수 있다.

㉠ **풍토병** : 어느 지역의 기후 또는 기후로 인한 조건 때문에 그 지역에 주로 발생하는 질병으로 열대지방의 말라리아, 수면병, 콜레라 등이 있다.

㉡ **계절병** : 계절에 따라 주로 발생하는 질병으로 여름철에는 뇌염, 장티푸스, 이질, 장염, 말라리아 등 소화기계 전염병의 유행이 많고 겨울철에는 천식, 인플루엔자 등 호흡기계 질병이 많으며 봄철에는 홍역, 결핵 등이 있다.

㉢ **기상병** : 기후 상태에 따라 질병이 발생하거나 기존의 질병이 악화되는 것으로 류머티스가 전형적이며, 심근경색, 협심증, 기관지염, 천식 등이 있다.

기후요소와 기후인자의 상호작용에 의하여 만들어지는 기후의 성질은 기후형이라 하는데 대륙성 기후, 해양성 기후, 사막성 기후, 산악성 기후, 산림성 기후 등으로 구분한다.

㉠ **대륙성 기후** : 육지의 영향을 강하게 받는 기후로 바다의 영향을 받는 해양성 기후와 반대된다. 일반적으로 대륙의 내부 등 바다와 멀리 떨어져 대기 중 수증기의 양이 적은 특징을 갖는 기후를 말한다. 그러나 대륙의 내부에서만 나타나는 것은 아니다. 일교차가 심하고 여름은 고온으로 낮 동안에는 지표면의 온도가 상승하고 저기압을 잘 형성하며, 겨울에는 기온이 매우 낮고 쾌청한 날이 많은 것이 특징이다.

㉡ **해양성 기후** : 대륙성 기후보다는 일교차가 적고, 고온 다우성이며, 자외선량과 오존량이 많으며 해양 에어로졸이 풍부하고 무더위가 부재하다. 청결한 대기가 꽃가루 알레르기를 감소시키는 특징으로 하는 기후 테라피의 본질적인 요소가 된다.

㉢ **사막성 기후** : 대륙성 기후의 극단적 현상이 많은 것이 특징이다.

㉣ **산악성 기후** : 바람이 많고, 자외선과 오존량이 많은 것이 특징이다.

㉤ **산림성 기후** : 기후가 온화하고 온도 교차가 적으며, 습도가 비교적 적은 것이 특징이다. 같은 위도의 지역이라도 대륙성 기후와 해양성 기후의 경우에 따라 기후 차이가 많이 나타나게 되는데, 예를 들어 같은 유럽 대륙에 위치한 런던과 모스크바에서도 알 수 있다.

기후대는 태양의 복사량에 따라 기후대가 구분되는데, 위도 23.5도를 기준으로 온대와 한대를 나누는 물리적 기후대가 있다. Aristoteles는 기후를 열대, 온대, 한대지역으로 나누었는데, 연평균 기온 20℃의 등온선을 기준으로 열대와 온대로 나누며 가장 따뜻한 달의 월평균 기온이 10℃인 등온선을 기준으로 온대지역과 한대지역으로 나누게 된다. Koppen(1884)은 월평균 기온을 중심으로 5개의 기후대를 설정하였다.

㉠ **열대** : 모든 달의 평균기온이 20℃ 이상인 지역을 말한다.

㉡ **아열대** : 1년 중 4~11개월이 월평균 20℃ 이상인 지역을 말한다.

㉢ **온대** : 1년 중 4~12개월이 월평균 10~12℃이고 나머지 달이 10℃ 이하인 지역을 말한다.

㉣ **한대** : 1년 중 1~4개월이 월평균 10~20℃이고 나머지 달이 10℃ 이하인 지역을

말한다.

ⓜ 극대 : 모든 달이 10℃ 이하인 지역을 말한다.

### (3) 해양기후

환경으로부터 격리된 조건에서 환자로 하여금 해양대기의 물리적 환경적 효능에 적절하게 노출을 하게 하여 건강증진, 질병예방을 목적으로 하는 자연치료방식으로 인체에 적응력, 지구력 및 면역력을 높이는 작용을 한다. 기후는 해양치유에서 중요한 자원으로 기압, 기온, 기습, 건조, 안개, 광선은 인체에 영향을 주는 요소이다. 바다를 둘러싼 해양기후와 고지대, 저지대 등의 산림기후로 분류한다. 기후를 의학적으로 연구하는 기후의학은 기후가 인체에 미치는 영향, 인체의 적응반응, 기후와 질병의 상호관계를 연구하여 질병예방과 치료에 적용한다.

### (4) 해양기후자원이 건강에 미치는 영향

[표 4-1] 기후요소 특징과 건강증진 효과

| 기후요소 | 특징 | 건강증진 효과 |
|---|---|---|
| 자극적 요소 | 차가운 공기 | 체온조절, 신진대사 : 지구력, 면역력 향상 |
| | 강한 자외선 | 비타민D 생성 : 뼈, 심장, 우울증, 피부 |
| | 강한 바람 | 적응력, 지구력 강화 |
| | 해양 에어로졸 | 염분, 요오드 : 호흡기, 갑상선기능 향상 |
| 보호적 요소 | 꽃가루 등 알레르기 유발물질 적음 | 알레르기 : 피부, 호흡기 과민반응 감소 |
| | 청정한 공기 | 바람에 따라 다름, 폐 건강 |
| | 높은 대기습도 | 호흡기부담 완화 |
| | 쾌적한 온도(무더위 부재) | 심장부담 감소 |

### (5) 해양기후자원

① 기후자원이란 기압, 기온, 습도, 건조, 안개, 바람, 알레르기 항원, 광선, 어두움, 공기오염 등 인체에 긍정적인 영향을 미치는 기후요소를 말한다.

② 기후자원 연구는 기후가 나쁜 날이 많은 영국, 프랑스, 독일 등 유럽에서 발전하여 특히 바다를 둘러싼 해양기후와 고지대, 저지대 등의 산림기후를 이용하여 질병 예방, 건강증진, 신체적, 정신적 치료와 재활치료가 이루어져 왔다.

③ 또한, 기후자원을 의학적으로 연구하는 기후의학은 인체에 미치는 영향, 인체의 적응반응, 기후와 질병의 상호관계, 기후를 활용한 질병 예방과 치료에 관한 연구로 발전해 나가고 있다.

### (6) 태양광선

일광은 복사선을 방출하는데 복사선은 원자 내부의 변화에 의하여 방출되는 에너지이며 물리학적으로는 파장이 서로 다른 전자기파라고 한다. 태양광선 중의 전자파는 지구의 대기층을 통과하면서 많은 양이 흡수된다. 자외선은 지상 15~35km의 오존층이나 대기 중의 수증기, 분진, 가스 등에 흡수되거나 산란된다. 적외선은 수증기에 잘 흡수되며, 가시광선도 수증기, 분진 등에 흡수되거나 산란된다. 태양으로부터 지표에 도달하는 태양광선은 주로 2,920~5,000A의 파장을 갖는 전자파이며, 각 파장에 따라 물리적 성상 및 생물학적 성상이 다르다.

① 자외선

태양으로부터 지구에 도달하는 자외선의 파장은 2,920~4,000A 범위이다. 특히 2,800~3,150A 범위의 파장을 가진 자외선을 Dorno선 또는 생명선이라고 하며 살균 작용, 비타민D 형성, 피부의 색소침착 등 생물학적 적용이 강하다. 파장 1,600A 이하의 자외선을 진공자외선, 2,800A 이하의 자외선을 원자외선, 2,800~3,200A 범위를 중자외선, 그리고 3,200~4,000A 범위를 근자외선이라고 한다.

㉠ 생물학적 작용

ⓐ 피부에 대한 작용 : 2,600~2,900A 파장의 자외선은 강한 홍반 작용을 일으키며 모세혈관을 확장시킨다. 자외선의 조사가 많으면 조직의 부종, 수포형성, 피부박리 및 궤양을 일으킨다. 홍반에 이어 멜라닌 색소가 침착하며, 장기간의 자외선 조사는 피부 비후 현상을 일으킨다. 2,800~3,200A 파장의 자외선은 장시간 폭로시 피부암을 발생시킬 수 있다.

ⓑ 눈에 대한 작용 : 2,950A 이하의 자외선은 각막과 결막에 흡수되며, 눈물이 흐르고, 눈이 부시며 동통과 이물감을 동반한 결막염을 일으킨다. 심하면 각막의 궤양, 혼탁, 수포 등의 각막염을 일으킨다. 전기성 안염, 설안염 등도 유

발한다.

ⓒ 전신 작용 : 자외선에는 자극 작용이 있어서 대사가 항진되고 적혈구, 백혈구, 혈소판이 증가한다. 과량 조사하면 두통, 흥분, 피로, 불면 등을 보일 수 있다.

② 가시광선

가시광선은 눈의 망막을 자극하여 명암과 색채를 구별하게 하는 파장으로 일반적으로 4,000~7,700A의 파장이며 5,500A에서 가장 강한 빛을 느끼게 된다. 물체의 식별은 0.5Lux에서도 가능하지만 가장 적당한 조도는 100~1,000Lux이며, 조도가 낮거나 지나치게 강하면 시력저하를 가져오거나 안정피로의 원인이 되며, 작업능률의 저하와 안구진탕증을 일으킬 수도 있다. 가시광선은 시각기관을 통하여 정신 기능에도 작용하는데 적색광선은 온감을 주고 청색은 냉감을 주며 검정색은 압박감을 느끼게 한다.

③ 적외선

적외선은 파장이 7,800~30,000A의 광선으로서 열작용을 하기 때문에 열선이라고도 한다. 지구 표면은 적외선을 흡수하고 방출하여 대기권의 중요한 열에너지 공급 작용을 하게 되는데, 복사되는 열에너지는 대류권에서 수증기, 구름 등에 흡수되므로 지표에 가까운 공기를 덥게 하는 열담요의 역할을 한다. 7,800~13,000A의 적외선은 인체 피하조직의 1.5~4.0cm까지 투과하여 열을 전달하므로 피부 온도의 상승, 홍반, 화상, 국소혈관의 확장, 혈액순환의 촉진 등을 초래할 수도 있으며 두통, 현기증, 열경련, 일사병의 원인이 되기도 한다.

## 2) 기후의 변화

### (1) 지구온난화 : 온실효과

탄산가스의 농도 증가는 지구 기온을 상승시킬 수 있다. 온실효과란 대기 중의 탄산가스는 지표로부터 복사하는 적외선을 흡수하여 열의 방출을 막을 뿐만 아니라 흡수한 열을 다시 지상에 복사하여 지구 기온을 상승시키는 것을 말한다. 이러한 온실효과는 지구의 기후변화와 기상이변, 해면의 수위상승과 저지대 수몰 수자원에 악영향, 생태계의 파괴와 변화, 농업과 산림피해 및 전염병의 발생 증가 등으로 지구상의 모든 생물체의 건강에 나쁜 영향을 줄 것으로 생각하고 있다. 유엔환경계획(UNEP)과 세계기상기구(WMO)가 공동으로 95년 12월 로마에서 개최한 "기후변화에 관한 정부간 패널"의 결과에 의하면 지구온난화 때문에 바닷물의 높이가 지난 1백년간 10~25cm 높아졌으며, 현 추세로 2100년 까지는 지금보다 50~95cm나 더 상승하며 방글라데시의 17.5%, 네덜란드의 6%, 이집트의 1% 등이 침수될 것으로 예상하였다.

### (2) 오존층의 파괴

성층권(고도 25~30km)에 존재하는 오존층은 지상에 도달하는 자외선의 대부분과 유해한 우주선을 흡수하여 지구 생태계를 유지하는데 중요한 역할을 하고 있다. 그런데 최근 냉장고, 에어컨, 스프레이의 분사제나 발포제로 사용되는 프레온가스 즉, 염화불화탄소가 대기 중에 많이 방출되고 있어 이것이 성층권에서 자외선에 의해 분해되어 염소원자를 방출하는데 이것이 오존의 산소원자와 결합함으로써 오존층을 파괴하고 있다고 보고되어 있다. 오존층의 파괴현상은 남극지역에서 많이 발생하고 있는데 매년 봄마다 오존홀(ozone hole)이 나타나고 있으며, 그 크기가 확대되고 있어 CFC의 사용이 규제되지 않을 경우 오존층의 파괴는 심화될 것이며, 지상에 도달하는 자외선 양은 더욱더 증가하여 피부암 등 암 질환의 증가와 농작물이나 각종 생태계를 파괴해 갈 것으로 보고 있다.

### (3) 엘리뇨와 라니냐 현상

적도부근 동태평양은 평상시엔 서태평양보다 수온이 낮다. 지구 자전으로 동풍이 불어 바닷물이 서쪽으로 밀리면 찬물이 올라오기 때문이다. 이에 따라 바닷물 온도가 높은 서태평양에서는 공기 온도까지 높아지고 상승기류가 생겨 저기압으로 강수량이 많아진다. 이런 흐름이 반대로 바뀌는 때가 있다. 먼저 동풍이 약해지고 동태평양의 바닷물 온도가 올라가면서 바닷물의 방향을 역전시키는 '엘리뇨' 현상이 일어난다. 엘리뇨는 대략 9월에서 다음해 3월 사이 크리스마스 전후로 발생해서 스페인어로 '아기예수' 또는 '작은 사내아이'라는 뜻이다. 라니냐는 '작은 소녀'라는 뜻으로 엘리뇨와 반대현상을 말한다. 엘니뇨가 발생하면 태평양 주변국뿐만 아니라 아시아, 아프리카까지 정상적인 기후조건이 파괴되고 이상기후로 변한다. 엘리뇨는 지구온난화와 깊은 관련이 있다고 한다. 지구온난화로 인한 기상이변과 엘리뇨의 발생주기가 같고, 그 발생주기는 시간이 흐름에 따라 더 짧아지고 기상이변의 강도도 커진다. 라니냐는 동풍인 무역풍이 강해지면서 적도부근의 동태평양 해수 온도가 평소보다 낮아지는 경우로, 라니냐도 엘리뇨처럼 지구온난화의 영향으로 나타나며 극심한 가뭄과 추위를 몰고 온다.

### (4) 기후 위기와 대응

UN은 오늘날을 지구의 기후위기(Climate crisis)시대라 판단하고 기후 비상사태(Climate emergency)를 선포하였다. 기후변화(Climate change)는 지구온난화가 그 원인으로써 지구의 평균 기온이 점진적으로 상승하면서 전 지구적 기후 패턴이 급격하게 변화하는 현상을 일컫는다. 역사 이전 고기후 시대에도 많은 기후변화가 있었지만, 현대의 기후변화는 너무나 급격하여 자연스럽게 점진적으로 발생하는 현상으로 볼 수 없다.

현재의 급격한 기후변화는 인간이 이산화탄소($CO_2$)와 메탄과 같은 온실기체를 방출해 일어난 현상이다. 인간이 방출한 온실기체의 절대다수는 에너지를 사용하기 위해 화석 연료를 태워서 발생된 것이다. 그 외에도 농업, 제강, 시멘트 생산, 산림 손실 및 인간생활 등 다양한 원인으로 온실기체가 방출되고 있다. 지구 대기에 입사한 짧은 파장의 태양 복사에너지를 투과시키고 지구에서 재 방출되는 긴 파장의 적외 복사에너지를 우주로 방출함으로써 입사된 에너지와 방출된 복사에너지의 양이 같아야 한다. 그러나 지구 대기에 온실기체의 양이 증가됨으로써 긴 파장영역의 적외 복사에너지가 우주로 재 방출이 지체됨으로써 열을 가두어 두게 된다. 이로 인하여 대기의 온난화 현상이 발생하고 지구는 점점 더워지고 태양 에너지를 반사하는 반사율이 높은 만년설 표면이 감소하는 등 지상에 다양한 변화를 일으켜 지구온난화를 더욱 가속시킨다.

일차 산업혁명 후 21C 까지 지구 전체 평균 기온은 약 2배 빠르게 상승하였다. 이에 따라, 사막지역은 넓어지고 있으며 폭염과 산불 횟수도 더욱 늘어나고 있다. 북극에서 심화되는 온난화로 영구동토층이 녹고 있으며 빙하와 해빙이 점차 사라지고 있다. 또한 더욱 강력한 폭풍과 태풍이 형성되어 기상 이변과 함께, 해양과 육지, 북극 등지에서는 급격한 환경 변화로 산호초와 같은 수많은 생태계는 강제로 이주하거나 멸종하고 있다. 기후변화는 식량과 수자원 부족, 홍수 증가, 극심한 폭염, 질병의 만연화, 경제적 손실 등 다양한 상황으로 인간을 위협하며 일명 "기후변화 난민"을 만들기도 한다.

세계보건기구(WHO)는 기후변화를 21세기 인류 보건에 미치는 가장 큰 위협 요소로 간주하였다. 미래에 온난화를 최소화하려는 노력이 성공하더라도 향후 수 세기 동안 해수면 상승, 해양의 산성화 및 기온 증가 등으로 지구는 다양한 영향을 받을 것이다. 기후

변화가 주는 다양한 영향은 현재 수준에서 지구 평균기온 보다 약 1.2℃ 기온이 상승 시점에서 이미 나타나고 있다. 기후변화에 관한 정부간 협의체(IPCC)는 온난화로 1.5℃ 이상 상승할 경우 지구에 돌이킬 수 없는 더 큰 영향을 미칠 것이라 경고하고 있다. 온난화가 계속될 경우 그린란드 빙상의 융해처럼 티핑 포인트(Tipping points)에 닿을 상황에 처할 위기로 몰릴 수 있다.

이런 변화에 대응하는 방법으로는 온난화 수준을 제한시키는 행동을 취하거나, 기후변화에 적응하는 방법이 있다. 첫째, 지구 온실기체 배출량을 줄이고 대기의 온실기체를 제거해서 앞으로 지속될 온난화는 증가 수준을 줄이는 대기의 탄소중립을 이루는 것이다. 온실기체 배출량을 줄이는 데에는 원자력에너지 사용이나 재생에너지 등의 지속 가능한 에너지의 사용을 늘리고 석탄 등 화석에너지 사용량을 점차 줄이며, 한편 사용하는 에너지의 효율성을 높여 절약하는 방법이다.

## 3) 지구와 해양구조

### (1) 해양의 구조 및 지형

우리가 살고 있는 지구는 태양계를 구성하는 8개의 행성 중의 하나로 우주에서 바라보면 그 모습이 물처럼 파랗게 보이는 것에서 수구라고도 하고 있다. 즉, 지구는 표면적의 30%는 육지이지만, 70%는 물로 채워진 회전타원체 모양이다. 97%가 지구표면의 70%를 차지하는 바다에 있고 3% 만이 민물에 있다.

### (2) 바다의 크기와 해양지리

지표면 기준으로 바다가 차지하는 비율은 북반구에서 60.6%인 것에 반하여, 남반구에서는 81.0%로 차이를 보이며, 남반구의 바다면적은 육지의 4배에 달한다.

### (3) 해저지형과 퇴적물

해저에도 산맥, 해산, 해저곡, 해분 등이 있어 규모의 차이는 있지만 육지의 형태와 큰 차이가 없다.

## (4) 해수운동과 해양의 대순환

### ① 해류의 정의

해수운동에서 해양의 표층에서 육지의 거대한 강물처럼 상당한 속도로 한쪽 방향으로 연속적인 운동을 하는 것, 바다의 특성 중 하나는 전체 해양이 단일계로 구성되어 연속적인 흐름을 나타낸다는 것이다.

### ② 표층해수의 대순환

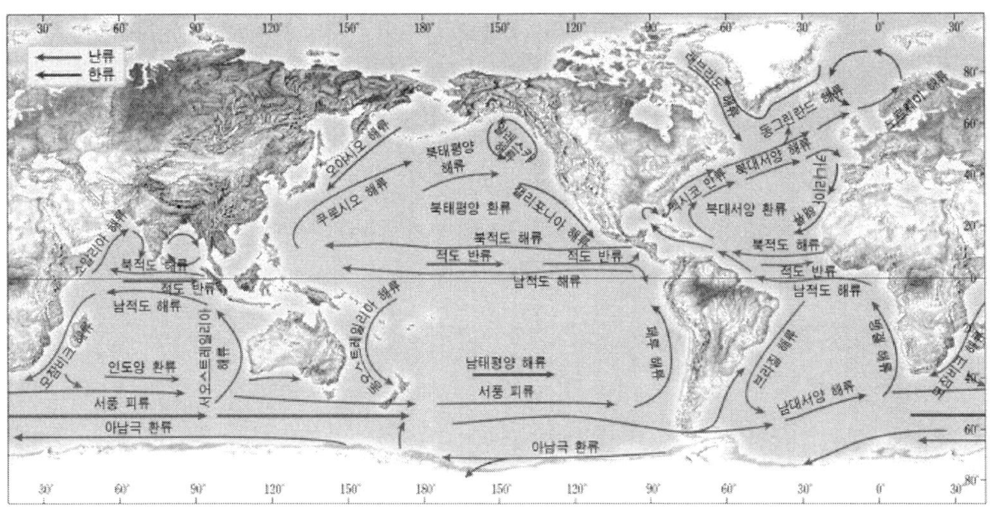


### ③ 해양 심층수의 대순환

바람에 의한 풍성순환으로 표층해류가 발생한다면, 타원체인 지구표면은 태양에너지 입사가 적도해역에 높고, 극지역에서 낮기 때문에 두 해역사이에 태양에너지 입사에 의한 수온차이가 해수의 밀도차를 발생시켜 극해역은 침강류가 발생한다. 대양을 순환하는 해양심층수는 순환에 소요되는 기간은 약 2,000년 이상이 필요하다. 북대서양 그린란드의 차가운 빙하 해역의 표층수 온도가 차가워짐에 따라 밀도가 높아져서 가라앉는 해류(밀도류)가 형성되어 깊은 바다 밑에서 지구의 대순환 과정으로 국내의 동해 바다로 유입되는 것으로 널리 알려져 있다.

## 4) 해양오염의 이해

### (1) 해양오염

해양오염은 인간 활동으로 인해 직접적 또는 간접적으로 해양에 유입된 어떤 물질이나 에너지가 수질을 악화시키거나, 인간의 건강에 해롭거나, 해상 활동을 방해하거나, 풍광을 해치거나, 해수의 사용을 저해할 정도로 수질을 떨어뜨리는 것과 같은 악영향을 초래하는 것을 말한다.

[그림 4-1] 바다의 날 기념 연안 정화활동 실시

#### ① 유입 경로

㉠ 해양오염은 육상 또는 해상에서의 인간의 활동에 의한 결과물에 기인한다.

㉡ 해양오염의 약 80%는 육상 기원으로 알려져 있으나 이에 대한 과학적인 근거는 정확히 제시된 적이 없다.

㉢ 오염의 종류와 지역에 따라 육상 기원 오염의 비율은 다르다고 보는 것이 합리적이다.

㉣ 육상 기원 해양오염은 강수에 의한 지표면수가 강을 통해서 유입되거나 하수와 폐수처리장에서 해양으로 직접 방류되거나, 해안에서 직접 투기에 의해서 유입되거

나 또는 대기를 통한 이동과 침적을 통해 유입된다.

㉤ 해양 기원 오염은 선박과 해양 시설물에서의 직접적인 투기, 운항 중 배출 또는 사고를 통해 유입된다.

② 해양오염의 특성

해양은 대부분의 오염물질이 최종적으로 도달하여 모이는 장소가 된다. 오염물질 중 잔류성이 강해 해양에 장기간 머무른 물질의 경우 환경 매질 또는 생물체 내에 고농도로 축적되는 경향을 보인다. 해양은 3차원으로 이루어진 규모가 방대한 개방형 환경으로 접근성이 육상보다 용이하지 않아 해양오염의 처리는 불가능하거나 가능한 경우 비용이 많이 든다.

③ 해양오염의 종류

㉠ **부영양화** : 자연계에 존재하며 해양에서 광합성을 통한 1차 생산에 필수 요소인 질소, 인, 규소 등의 영양염의 과다 유입으로 인해 기존에 안정된 생태계의 구조와 기능에 변화를 유발한다.

㉡ **유류 오염** : 유조선 적재 원유, 선박의 연료유 등이 운항 중 사고 또는 선적과 하역 시 사고로 유출되면 주변 환경을 오염시킬 수 있다.

㉢ **중금속** : 자연계에 존재하며 일부는 생체 활동에 필요한 원소이나 인간 활동으로 인해 환경 중 농도가 자연계의 배경 농도를 넘어서 일정 수준에 이르면 생물에 축적되어 독성을 유발할 수 있다.

㉣ **지속성 유기 오염 물질** : 농약, 살생물제(biocide), 공업용 등으로 인위적으로 합성된 화학물질 중 일정수준 이상의 잔류성(persistent), 생물 축적성(bioaccumulative), 독성을 함유한 물질을 말한다.

㉤ **방사능** : 핵이 불안정하여 방사선을 내며 붕괴하는 원소로 자연계에 존재하거나 또는 핵실험과 원자력발전 연료 등 인위적으로 농축 또는 반응하여 만들어진 오염물질이 이에 속한다.

㉥ **산성화** : 화석연료의 연소에 따른 방출로 인한 대기 중 이산화탄소 농도 증가에 따라 해수 중으로 용해되는 용존 이산화탄소량도 증가하여 해수의 pH가 감소하여 산성화되는 현상을 일컫는다.

㉦ 해양 쓰레기 : 관리되지 않고 해양으로 유입된 인공적인 고형물을 말하며, 이에는 플라스틱, 금속, 유리, 천, 목재 등이 포함된다.

㉧ 서식처 물리적 파괴 : 항만과 임해 시설 등의 건설, 준설, 매립, 해사 및 심해 광물 채취 등으로 해양 생물의 서식처를 물리적으로 훼손하는 경우에 해당한다.

㉨ 열 : 많은 냉각수를 필요로 하는 원자력 발전소 등의 시설은 해안에 건설되어 주변의 해수보다 온도가 높은 물을 배출한다. 이런 온배수는 생물들의 생존에 필요한 최적 온도 범위에 따라 주변 해역의 생물상을 바꾸고 생태계에 영향을 미칠 수 있다.

㉩ 수중 소음 : 연안에서의 수중 공사, 선박의 항해 등으로 발생하는 일정 수준 이상의 수중 소음은 소음에 민감한 생물종의 생장, 생식 등에 영향을 미칠 수 있다.

## 5) 해양환경 보존

### (1) 해양생태계 복원

① 기후변화에 따른 해양환경의 변화와 인위적으로 훼손된 갯벌, 연안 등의 해양생태계 서식처를 개선·복원

② 서식지보호와 훼손지 복원 등을 통해 해양보호생물 개체수 회복

### (2) 해양보호구역 관리

지역주민의 자율적인 현장관리 역량 향상 및 국민 공감대 확산

### (3) 해양기후변화 대응

정부간협의체(IPCC)에서 해양과 빙권에 관한 특별보고서 발간 및 논의 확대

### (4) 해양폐기물 정화

항만 및 주요해역 내 침적된 해양폐기물의 수거처리로 해양 정화

### (5) 해양부유쓰레기 수거

### (6) 오염퇴적물 정화

해역의 자정능력회복, 악취와 수질개선

### (7) 오염물질 수거 · 처리

선저폐수, 폐윤활유, 슬러지 등 폐유의 수거 · 처리 및 불법투기 예방

제5장

# 해양치유 요법

1. 하이드로 테라피 2. 노르딕워킹 테라피
3. 탈라소 테라피 4. 해양기후요법(헬리오 요법)
5. 펠로이드 테라피 6. 심리요법
7. 영양요법 8. 해독요법
9. 향기요법 10. 식이요법
11. 오감요법 12. 요가요법
13. 명상요법 14. 산림요법

제5장

o c e a n h e a l i n g t h e o r y

# 해양치유 요법

## 1 하이드로 테라피

물을 사용하여 통증을 완화하거나 손상된 신체의 일부 능력을 회복시키는 것을 수치료(hydrotherapy)라고 한다. 수치료법은 수압, 수류, 물의 온도를 이용하여 질병의 치료·회복과 건강증진을 위한 치료법이다.

프랑스 해안가에서는 수치료인 해수 온천욕, 해수 스파, 해수 제트워터, 그랑제(4m 이상의 거리에서 물을 분사), 실크라(커다란 노즐에서 분사되는 물줄기로 치료) 등의 요법이 의사의 처방에 따라 다양한 방법으로 시행되었다.

해수풀에서의 수치료에는 부력을 이용하여 시행하는 언더워터 마사지, 아쿠아 체조, 와추 등이 있다. 해수욕 치료에서 중요한 부분은 염분의 농도와 온도의 조절이다. 일반적인 해수의 경우 염분이 높아 해수에 오랜 시간 신체가 노출될 경우 피부 건강을 악화시키며 낮은 해수의 온도 역시 심장에 부담을 준다. 따라서 해수 가운데 염지하수(심층암반해수)는 표층수나 심층수에 비해 염분의 농도가 낮아 해수를 이용한 수치료에 적합하다.

서양의 경우 해양치료 시설에서 해수를 이용하여 치유요법을 제공하는 경우에는 높은 온도 자연 그대로의 염지하수를 온도를 낮춰 사용하거나 일반 해수에 포함된 염분의 농도를 치유 목적에 따라 조절하고 해수의 온도를 적정 온도로 높여 사용하고 있다.

## 1) 해수를 이용한 수치료의 종류

### (1) 완전 침수욕

머리를 제외한 신체의 모든 부분을 온천수에 담그는 방법으로 가정이나 대중목욕탕에서 실시간으로 시행하기가 쉽다(표 5-1).

[표 5-1] 완전침수욕 방법

| 종류 | 온도 | 시간 | 효과 |
|---|---|---|---|
| 열수욕 | 39~42℃ | 몇 초 | 근육이완, 통증완화 |
| 온수욕 | 36~38℃ | 10-20분 | |
| 미온욕 | 34~36℃ | 10-20분 | 안정, 진정 |
| 한랭욕 | 18℃ 이하 | 10-20분 | 순환기 질환과 관절염, 피로회복 |
| 냉·온 교대욕 | | | 혈관 운동, 자율신경 자극. 냉탕-온탕-냉탕의 순으로 5회 정도 반복(냉탕에서 시작하여 냉탕에서 마침) |

| 효능 | 적응증 |
|---|---|
| 혈관 조절작용 훈련 | (기능성)혈행장애, 부정맥, 심장순환기질환 |
| 면역체계강화 | 감염 예방 |
| 자율신경과 호르몬 분비 조절 | 질병회복기 환자, 심리불안정, 신진대사 또는 심혈관 조절장애 |
| 근육이완, 결체조직 연성개선, 무통각증 개선, 부홍조화(혈색개선) | 류머티즘질환, 만성적 비뇨생식기 염증, 외상 후, 운동조직 수술 후 |
| 기타 | 급성 발열 염증, 동맥폐색증 2, 3기, 기능성 복부 질환, 지방과다증 |

### (2) 완전침수(전신배스)요법 시행

다음과 같은 순서로 진행하며, 심장질환 등으로 인한 위험한 사태에 대처하기 위해 치료 중 항상 지켜보는 사람을 배치해야 한다(표 5-2).

[표 5-2] 완전침수(전신배스)요법 시행

| 부위 | 온도 | 시간 | 족욕 방법 | 효능 |
|---|---|---|---|---|
| 족욕 | 40℃에서 시작하여 온도를 고르게 유지. 마무리 때 2분 정도 냉수에 담금 | 20분 내외 | 족욕기를 이용하여 다리를 장딴지 부위까지 담그고 무릎부터 몸통을 모포나 이불로 덮음 | 열이 있는 환자, 신장병, 수종, 당뇨병 환자 |

| | | | | |
|---|---|---|---|---|
| 좌욕 | 37~30℃ | 15-20분간 | 골반 부위만 물에 담그는 방법으로 시행 | 전립선염, 치질, 방광염, 월경불순, 산후조리 |
| 반신욕 | 39~43℃ | 20분 내외 (이마에 땀이 날 때까지) | 골반 이하의 하체 전부를 물에 담그는 방법<br>치료하는 동안 이마에 냉찜질<br>치료가 끝날 때는 찬물로 샤워 | 말초혈액순환 증진, 부종 제거, 피로 회복 |

### (3) 부분 침수욕

[표 5-3] 신체의 일부분만 침수시키는 방법

| 종류 | 온도 | 시간 | 방법 | 치료 효능 |
|---|---|---|---|---|
| 상지욕 | 33.9~36.1℃로 시작해 43.3℃까지 온도를 상승시킴 | 20분 내외 | 양팔을 물속에 담그는 방법<br>입욕 후에는 양팔을 냉각시킴 | 관절염, 심혈관계 질환 |

### (4) 해수 족욕

물을 사용하는 것의 번거로움을 덜어주고 장소 제한없이 할 수 있는 온열 수치료, 마사지나 여러 가지 치료 행위의 효과를 높여줌. 족욕은 물의 온도에 따라 고온족욕, 저온족욕, 고온과 저온을 변경하는 냉온족욕으로 구분한다(표 5-4).

[표 5-4] 족욕의 용도와 효능

| 용도 | 족욕의 효능 |
|---|---|
| 피로 회복 | 발 근육의 긴장을 풀어주고 신경이완작용을 하여 심리적 안정감과 숙면을 취하는데 도움이 된다. |
| 붓기 제거 | 오래 서있거나 앉아서 일하는 경우 늘 발이 부어있고 하체가 무거워 짐을 느끼게 되는데 이때 따뜻한 족욕은 혈행을 개선해 체내의 노폐물을 제거하는 데 도움이 된다. |
| 피부 미용 | 발의 각질이 부드러워지고 제거하기 쉬운 상태가 된다. |
| 다이어트 | 혈액 순환과 함께 신진대사가 활발하여 가벼운 운동을 한 것과 같은 효과 |
| 항염 작용 | 해수의 항염효과와 풍부한 미네랄 성분은 발의 피부질환을 개선하고 염증을 줄여준다. |

### (5) 해수치료 풀

[표 5-5] 해수치료 풀의 종류, 방법, 효능

| 종류 | 방법 | 효능 |
|---|---|---|
| 와류욕 | 치료에 알맞은 온도의 물을 수조에 담고 교반기를 작동시켜 물 마사지를 하는 치료법 | 상처로 인한 조직손상, 말초신경손상, 말초혈관 장애, 화상, 관절 유착증, 욕창, 관절염, 염좌 등에 효과 |
| 분사욕 | 노즐에서의 물기둥을 환자 신체에 분사하는 방식<br>분사욕은 환자를 물 밖에 세워놓고 신체 표면에 물기둥으로 직접 자극하는 방법과 환자가 물속에 있는 상태에서 신체 표면에 물줄기를 적용하는 방법이 있음 | 긴장된 근육이나 경직된 관절을 이완, 혈관과 피부를 자극하여 신경과 근육의 피로회복, 마사지 효과 극대화 |
| 기포욕 | 욕조 바닥이나 벽면에 기포발생장치를 설치하여 기포가 부서지면서 초음파를 발진시켜 인체의 조직을 골고루 자극하는 치료법 | 근육통, 관절통, 요통, 피로회복, 피부병, 외상 후 통증 완화, 피부미용 효과 |
| 폭포욕 | 떨어지는 물의 압력을 이용하여 자극하는 방법<br>머리 이외의 부분에 물을 끼얹으며 국소 부위의 순환이 촉진됨<br>주변에 음이온이 발생하면서 진정효과를 줌 | 어깨 결림, 요통 등에 효과 |
| 침대욕 | 비교적 여유있게 입욕하는 것을 특징으로 함<br>수면효과가 있으며 피부의 혈관이 확장되어 혈행을 개선함 | 동맥경화, 고혈압, 혹은 신경피로, 불면 등에 효과 |
| 보행욕 | 온열과 수압의 반복 자극<br>뜨거운 물과 찬물로 나누어진 욕조에 무릎 아래 부분을 뜨거운 물과 찬물을 교대로 담그면서 걷기 | 냉증, 동상, 불면증, 신경 피로의 회복 등 |

### (6) 해수 흡입법

흡입법 : 10분 내외, 1일 3회 이내(표 5-6)

[표 5-6] 해수 흡입법 종류와 방법

| 종류 | 방법 |
|---|---|
| 흡입 치료실 | 해수가 분무되는 노즐에 코와 입 주변을 가까이 대고 앉아 수증기에 노출되어 호흡한다. |
| 습식 사우나 | 해수 안개가 분무되는 습식 사우나 안에서 편안한 자세로 머문다. |

① 해수 흡입치료 시행시 주의사항

㉠ 해수 흡입치료는 염분의 농도가 높은 해수를 이용할 경우 노즐에 염분이 쌓여 부식되므로 해수의 농도를 낮추어서 사용하거나 염분이 낮은 염지하수를 사용한다.

㉡ 해수흡입치료의 1회 치료시간은 10분을 넘지 않도록 한다.

㉢ 해수 습식 사우나의 주의사항은 일반 사우나의 주의사항과 같다.

㉣ 금기사항에 해당되는 경우는 반드시 치료사에게 알리고 치료사와 동행하여 수치료를 실시한다.

### (7) 해수 운동 치료

해수운동은 바닷물을 활용하여 질병예방, 건강증진, 재활 및 치료를 위해 운동을 하는 것이다. 해양치유의 일환으로 해양자원 중 해수를 이용하여 최적의 육체적, 정신적 건강과 높은 수준에서 삶의 질을 영위하기 위한 것이다.

개인 또는 그룹으로 다양하게 적용하며, 주변 해양자원도 함께 활용하여 부수적으로 인체의 활성화를 높일 수 있도록 한다. 태양에너지를 통한 해수운동은 맑은 날 햇빛의 태양에너지를 자연스럽게 신체에 적용하게 된다.

특히, 원적외선이 인체에 방사되면 일반 열보다 약 80배 피부 속 30-50mm 심층으로 스며들며, 세포를 60초에 2000번 이상 미세하게 흔들어주는 진동을 통해 세포조직을 활발하게 해준다. 세포조직의 활성화를 통해 열에너지를 분출하고, 이는 신체의 노폐물 및 독성물질 배출과 혈전을 분해하여 혈액순환을 촉진하는 동시에 혈액을 맑게 하는 효과를 가질 수 있다.

해수운동은 혈액내의 콜레스테롤 감소, 인슐린 분비 촉진, 간과 글리코겐의 증가 등 신체의 저항력을 증가시키고, 각종 미네랄, 염화나트륨, 마그네슘 등이 녹아있어 노폐물을 체외로 밀어내 혈액순환을 도모할 수 있다. 해수의 미네랄은 인체의 혈액 내 성분과 특성이 비슷해 신진대사에 탁월한 효능이 있고, 광천수보다 삼투압이 높아 체액이 해수 쪽으로 이동하여 염증성 부기를 저하시켜 준다(표 5-7).

[표 5-7] 해수 운동 프로그램

| 단계 | 목적 | 구성 |
| --- | --- | --- |
| 1 | 적응(Adaptation) | 다양한 걷기<br>호흡조절<br>자세유지 |

| | | |
|---|---|---|
| 2 | 움직임 회복(Recovery of mobility) | 스트레칭<br>자세와 움직임<br>(Positioning movement) |
| 3 | 근력 운동(Strengthening exercise) | 발목, 무릎, 고관절, 체간, 어깨 |
| 4 | 지구력 운동(Endurance exercise) | 점핑/홉핑 기반 운동<br>아쿠아 런닝 |
| 5 | 기능 훈련(Functional training) | 종합적 움직임(Total movement)<br>장비/도구를 이용한 훈련 |

## 2 노르딕워킹 테라피

### 1) 노르딕워킹

(1) 노르딕워킹(Nordic walking)이란 폴을 사용해 상지와 체간, 하지를 움직이면서 빠르게 걷는 형태로 대표적인 전신운동이다. 이는 전용 폴을 이용해 바닥을 짚고 당기며 마지막으로 지면을 밀고 앞으로 나가는 전신운동으로, 일반적인 걷기운동과는 다르게 장비와 기술을 필요로 한다.

(2) 노르딕 폴(Nordic pole)이란 전용 스틱을 사용하며 걷는 온몸운동으로, 북유럽 크로스컨트리 스키 선수들의 하계 훈련으로 시작되어 현재는 노르딕워킹이라는 이름으로 생활 스포츠 속에 자리매김하고 있다. 북유럽 및 일본 등 아웃도어 선진국에서 급성장하고 있는 전국 생활스포츠라고 할 수 있다.

(3) 이 운동은 상체 근력을 향상시키고, 하지 관절의 부담을 줄여주며, 칼로리 소비와 산소 소비량을 촉진시키는 유산소 운동으로, 1996년 핀란드에서 현대적인 노르딕워킹이 처음 실용화되어 2004년 약 60만 명이 즐기는 운동으로 자리잡았다.

### 2) 노르딕워킹의 효과

(1) 시간당 460Kcal 소모로 일반 걷기의 1.5배 이상이며, 자전거 타기, 에어로빅보다도 많은 칼로리를 소모시킨다.

(2) 노르딕워킹은 하체뿐 아니라 상체근육까지 운동시키는 '전신운동'이다. 일반 걷기

에서는 심박수가 보통 분당 130회인 데 비해, 노르딕워킹에서는 분당 약 147회로 약 13% 상승한다.

(3) 폴을 사용하는 걷기운동으로 부상의 위험이 적고, 폐활량과 지구력을 높여준다. 심혈관계 운동 효과를 측정했을 때 일반 걷기를 100으로 잡는다면, 노르딕워킹은 120~125로 나왔다. 그만큼 심폐기능 강화와 혈액 순환에 효과가 있다는 뜻이다.

(4) 심장 박동률, 산소 섭취량, 젖산염 농도, 에너지 소비에서도 노르딕워킹이 일반 걷기보다 높게 나온다.

(5) 노르딕워킹이 일반 걷기보다 피로도는 낮지만, 체내 산소섭취량, 칼로리 소비가 높은 이유는 걷기보다 훨씬 많은 근육을 사용함으로써 몸 전체에 더 많은 산소를 공급해주기 때문인 것으로 조사됐다.

(6) 노르딕워킹은 체내에 베타엔돌핀 분비를 촉진시키고, 성인병 환자에게 도움이 된다는 연구결과도 많이 보여주고 있다.

(7) 걷기는 노인들의 치매에 의해 나타나는 인지력 저하를 예방하는 데 중요한 역할을 한다고 보고되고 있다.

(8) 전두엽 퇴하로 인한 인지기능의 저하를 유산소 운동으로 인해서 심혈관 기능의 개선을 유도해 뇌의 혈류량을 증가시켜 인지기능 저하를 예방할 수 있다.

(9) 노르딕워킹은 폴과 같은 보행 보조기구를 사용해 낙상의 위험으로부터 자신감이 결여된 노인들에게 낙상 방지에 대한 자신감을 증가시켜 안정성이 높고 안전한 보행을 유지하는 데 기여한다.

(10) 전체 근육의 90%를 사용하는 More performance 걷기운동으로 척추를 바로 세우고 폴을 뒤로 밀어 추진력을 얻는 방법으로, 신체 뒷부분의 근육을 효율적으로

[그림 5-1] 해양노르딕워킹

사용하게 해준다.

(11) 신체 뒷부분 근육의 추진력으로 골반이 전방경사 되며 골반기저근의 자연스러운 수축과 더불어 보상 작용으로 복부와 척추의 심부근육 운동이 자연스럽게 이루어 진다.

### 3) 노르딕워킹의 사용

(1) 노르딕워킹은 도심, 산림, 해양, 실내 체육관 등 장소를 가리지 않고 즐길 수 있는 배우기 쉽고, 효과 좋은 생화 스포츠 분야이다.

(2) 성인, 아동, 노인, 임산부를 가리지 않고, 전 연령대가 편안하게 즐길 수 있는 걷기 운동이다.

(3) 일반인들의 건강증진, 환자들의 재활운동, 엘리트 스포츠 선수들의 재활 및 체력 보강 등 모든 분야에 활용할 수 있다.

(4) 계절을 가리지 않고 적용이 가능한 운동 방법이다.

### 4) 노르딕워킹 준비운동(노르딕 폴을 이용한 스트레칭)

#### (1) 척추 스트레칭

① 양발을 어깨너비로 나란히 벌리고 노르딕 폴을 등 뒤에 얹는다.

② 노르딕 폴 양쪽이 수평이 되도록 맞추면서 허리를 구부린다.

③ 양팔을 편안하게 구부리고 머리를 숙인 다음, 척추를 새우처럼 둥글게 만들어 10초간 유지한다.

④ 머리와 팔은 힘을 빼고 등과 허리가 늘어난다는 느낌을 충분히 느낀다.

⑤ 10초씩 3회까지 반복할 수 있다.

### 5) 해양과 도심에서의 노르딕워킹 효과 비교

2018년 해양치유사업단에서 실시한 과학적 검증에서 도심과 해양환경에서의 노르딕워킹 효과를 비교했다. 연구 대상자는 도심에서 노르딕워킹을 실시하는 그룹 16명, 해양에서 노르딕워킹을 실시하는 그룹 15명으로 시작했다. 총 8주간 주2회 50분씩 실시했으며, 해양치유자원(해사)을 활용한 효과와 일반적인 환경(도심공원)에서의 효과를 비교 분석했다.

8주 후에는 두 그룹 모두 30분 이후에도 심박 수가 떨어지지 않고 지속적인 상승을 한다. 운동 강도가 올라가며 효과가 있는 것을 알 수 있다. 두 그룹 모두 노르딕워킹 운동의 효과가 나타났다. 특히, 해양치유 그룹에서는 30분 이후 심박수가 40% 목표 심박수를 넘어서며 떨어지지 않는 것을 볼 수 있다. 이것은 도심그룹이 현재의 건강 상태를 유지하거나 약산 상승시켜주는 컨디셔닝 상태를 유지했다면, 해양치유 그룹은 체력의 상승과 함께 심장 기능의 운동 효과가 더 많이 상승한 것으로 보인다.

### (1) 칼로리 소모량 비교

도심 그룹의 칼로리 소묘량은 사전 40분 합계 214Kcal, 사후 40분 합계 243.8Kcal의 소모량을 보였으며, 60분으로 환산했을 경우 8주간의 프로그램을 모두 소화한다면 약 367.3Kcal를 소모할 수 있을 것으로 보인다. 해양 그룹의 칼로리 소모량은 사전 40분 합계 245.85Kcal, 사후 40분 합계 334.9Kcal의 소모량을 보였으며, 60분으로 환산했을 경우 8주간의 프로그램을 모두 소화한다면 약 502.4Kcal를 소모할 수 있을 것으로 보인다.

도심에서의 운동은 증가보다는 산책처럼 강도를 유지하려는 성향이 보이며, 해양에서의 운동은 모래를 차고 나가야 하는 상황에서 체력적인 증가와 함께 심박수, 칼로리의 긍정적인 향상을 보이는 것으로 나타났다.

### (2) 보행속도 비교

사전-사후 비교에서 증감량을 비교하면 해양치유 그룹이 도심그룹보다 0.33(m/s)보행속도가 증가했고, 단순 속도 비교에서는 0.43(m/s)차이가 나는 결과값을 보였다. 일반적으로 성인 남녀의 평균 보행속도를 1.2~1.4(m/s)로 보고, 노인의 평균 보행속도를 남자 0.67(m/s), 여자 0.7(m/s)로 평가한다. 성인 남녀의 느린 걸음을 1.0(m/s)라고 하면, 대상자들의 속도는 많은 양이 증가했다. 특히 해양치유 그룹의 경우 8주간의 프로그램이 끝난 후 측정한 속도가 일반 성인들의 평균 속도에 해당하는 결과값을 보여주었다.

### (3) 보폭 비교

도심에서 노르딕워킹을 시행한 그룹에서는 사전 측정 시 보폭 평균이 104cm, 사후 측정 시 110cm로 나왔다. 사전 측정 시보다 사후 측정에서 6cm 정도 증가했다. 해양치유 그룹에서 노르딕워킹을 시행하기 전에 측정한 보폭은 110cm, 8주 후 측정한 보폭은 130cm의 결과값을 보여 사전 측정 시보다 사후 측정에서 20cm 정도 증가했다. 두 그룹 모두에서 보폭이 증가하는 효과를 보였지만, 해양치유프로그램을 시행한 그룹에서 더 많은 보폭의 증가가 나타난 것을 볼 수 있었다.

## 3 탈라소 테라피

### 1) 탈라소 테라피

일반적으로 탈라소 테라피는 그리스어 Thalassa(The sea, 바다)와 Therapie(Therapy, 치료)의 합성어로 해수를 이용한 수 치료를 말한다. 넓은 의미로는 해수뿐만 아니라 해양자원과 해양기후, 환경을 활용해 질병을 예방하고, 건강을 증진하며, 재활을 돕는 치유활동을 말한다. 해양자원이란 해수, 모래, 소금, 진흙, 해조류 등 해양생물과 함께 해양의 기후와 햇볕, 바닷가의 경관을 포함한다. 탈라소 테라피는 신체적·정신적 건강의 호전을 목표로 해양자원들을 복합적으로 활용한다. 탈라소 테라피 공식 기구의 규정에 의하면, 해안가에서 500m 이내에 탈라소 테라피 센터가 위치해야 하며, 해수의 오염 방지를 위해 반경 10km 이내에 공장 및 산업시설 등을 세울 수 없다. 바다에서 끌어온 해수를 이용한 해수풀을 반드시 설치해야 하며, 해양의 자연자원을 활용한 치유 트리트먼트를 제공해야 한다. 35℃ 내외의 해수풀 염도는 인근 해수와 2% 이상 차이가 나면 안 되며, 해수풀은 정기적으로 위생과 성분이 안전하고 규정에 맞게 관리되어야 한다.

### 2) 탈라소 테라피의 역사

1869년 프랑스 의학자 라보나르디에르(La Bonnardiere) 박사는 '신체를 해수에 담그면 시스템이 재생되고 정화한다'라는 믿음을 바탕으로, 그리스어로 '바다'(Thalassa)와 '치유'(Therapiea)의 합성어로 '탈라소 테라피'라는 용어를 창안했다. 탈라소 테라피는 해수를 이용한 해양치유법으로, 다양한 질병의 예방과 치료에 도움이 된다. 1899년 루이 유진 바고(Louis-Eugene Bagot) 박사가 관절염과 류머티즘의 통증 치료를 목적으로, 프랑스 로스코프(Roscoff)에 최초의 탈라소 테라피 연구소를 설립했다. 이후 해양치유 요법은 류머티즘 관절염, 요추 질환 등의 치료에 적용되었고, 19세기에 이르러서는 에스테틱과 스파에서 미용과 슬리밍 등의 목적으로 대중화되었다.

## 3) 탈라소 테라피에서 사용되는 해양자원

### (1) 해양기후

해양기후란 해안 지역에서 볼 수 있는 전형적인 기후를 말하며, 해양의 영향을 받아 육지와는 다른 기후 특성을 나타낸다. 해수는 태양으로부터의 복사열을 흡수해 해류의 순환을 통해 열을 운반하고, 다시 대기로 방출시킨다. 따라서 대기 중에 수증기가 많이 포함되어 습도가 높고, 연중 평균 기온은 내륙보다 일교차와 연교차의 변화가 적다. 해상에는 지형의 영향이 없기 때문에 풍속이 강하고, 태양열의 흡수 정도와 전달 속도가 달라 육지보다 공기의 온도 상승이 적어 대륙의 기후와 상당한 차이가 있다. 육지에 비해 미세먼지가 적고, 오존이나 자외선이 풍부해 보건요양에 유익한 영향을 미친다.

### (2) 해수

해수는 각종 미네랄과 염화나트륨, 마그네슘이 녹아 있어 이온화되어 있는 미네랄들이 흡수되어 노폐물을 체외로 밀어내 순환을 돕고, 체액을 건강하게 유지하며, 각종 질병에 도움이 되는 한편, 별다른 부작용은 없는 것으로 알려져 있다. 특히 피부 보습도가 놀랍게 유지되고, 생기를 찾는다. 탈라소 테라피는 전신건강의 개선을 목표로 삼아 치료 기후의 영향을 배경으로, 해수를 이용한 목욕 요법(전신 및 부분, 냉욕 및 온욕), 음용 요법, 흡입 요법, 수중운동의 형태로 행해진다. 서양의 경우 해양치료 시설에서 해수를 이용해 치유 테라피를 제공하는 경우에는 높은 온도의 자연 그대로의 염지하수를 온도를 낮춰 사용하거나 일반 해수에 포함된 염분의 농도를 치유 목적에 따라 조절하고, 해수의 온도를 적정 온도로 높여 사용하고 있다. 해수풀에서의 입욕은 수술이나 사고 후 재활 치료, 순환 개선, 근골격 질환, 호흡기 질환, 피부과 질환의 개선을 위한 치료에 적용한다. 일반적으로 37~38℃ 온도의 해수를 이용해 20분간 진행한다.

### (3) 해사(모래)

모래는 온열 및 냉기를 함유하는 성질이 있어서 해변 등에서 모래 온열 찜질 및 몸의 진정(Cool down) 효과를 목적으로 적용되고 있다. 모래 위를 걸으면 모래의 특성인 작은 입자에 의해 죽은 피부 세포를 벗겨내는 각질제거 효과가 있어 발의 피부가 부드러워진다. 또한, 모래 위에서 걷거나 서 있을 때 작은 모래 알갱이들은 발바닥의 3,000~7,000개의 신경 종말을 자극하는 효과가 있으며, 모래 알갱이 위치의 계속된 변화로 인해 평지에서의 활동보다 50% 이상의 칼로리 소모와 균형 감각 증진에 도움을 준다. 한편 따뜻한 모래는 신체의 긴장 완화와 스트레스 감소의 열적 효과를 더하며, 특히 뜨거운 모래 찜질은 신체 표면의 모세혈관에 신경반작용 반응으로 우리 인체에 순환장애를 개선한다. 즉, 염증 제거로 손상된 조직을 치유하며, 중간대사 산물들과 기타 해로운 물질들을 땀을 통해 배설시킨다. 모래는 대상자에게 심리적 위안과 안정감을 주는 치료적 경험을 갖게 해 아이들의 감각통합놀이 및 상담 시 이용되기도 하며, 근골격계질환자나 운동선수들의 신체 재활 훈련 목적으로 사용되고 있다.

### (4) 해양광물(머드, 피트)

해양광물자원인 머드와 피트는 탁월한 열 보유 능력이 있어 관절이나 근육을 부드럽게 할 뿐만 아니라, 몸을 따뜻하게 하며 순환을 촉진한다. 심신을 이완하고, 정신적인 안정감을 상승시킨다. 특히 만성 관절염 치료 후 오랫동안 효능이 지속되어 결과적으로 근골격계 염증을 완화하고, 뼈, 근육의 움직임을 원활하게 하는 데 도움이 된다. 유럽에서는 머드나 피트와 온천수를 결합한 머드광천치료의 치료 효과가 검증되어 오래전부터 현대의학을 보충하는 중요한 보조 치료법으로 시행되고 있다. 머드나 피트를 활용한 치료법은 근골격 통증 완화, 류머티스 관절염이나 부인과질환, 피부질환 등의 염증 경감, 혈액순환 촉진을 목적으로 하는 치료에 사용된다.

### (5) 해조류

해조류는 땅에 사는 모든 생명의 1/3의 산소를 생산하고 있는 산소 공장이다. 물속에서 서식하는데도 불구하고, 광합성을 책임지고 있는 높은 함량의 엽록소를 보유하고 있기 때문이다. 이를 통해 햇빛을 흡수하고 유용한 에너지와 산소를 방출하는 공장 역할을 하는 것이다. 해조류는 바닷물이 높은 산소량을 함유하는 주된 원동력이다. 육지 식물보다 상대적으로 청정한 환경에서 성장하며, 육지 식물과는 달리 해조류는 유해물을 몸속에 저장하지 않으며, 오염된 환경에서는 살아남을 수 없는 특징이 있다. 해조류에는 육지 식물보다 다양한 미네랄이 다량으로 함유되어 있다. 싱싱한 해조류 1kg은 아미노산, 미네랄, 염분, 미량 원소(예: 요오드)와 폴리페놀, 플라보노이드, 비타민(A, B2, B12, C, D, E, K)을 함유하고 있는데, 바닷물 100,000L의 양과 맞먹는다고 한다. 바다 채소인 해조류는 육지 식물보다 요오드를 1,000배, 칼슘을 100배, 마그네슘과 구리를 10배 더 저장할 수 있다. 어떤 홍조류는 감귤류보다 비타민C 함량이 높기도 하다. 해조류는 식용으로 먹거나, 테라피용 트리트먼트로 해조류 팩을 하거나, 입욕제로 활용되며, 해조류 트리트먼트의 경우 살균, 진정작용, 피부 활력, 피부 재생, 염증제거 등의 효과를 볼 수 있어 해조류의 의료 & 미용 활용 분야는 매우 광범위하다.

#### (6) 해염(바다 소금)

바다에서 채취한 씨솔트는 염화나트륨(Nacl) 77.8%, 염화마그네슘 10.9%, 유황마그네슘 6.4%, 칼슘설파이트 3.94%, 칼륨설파이트 2.5%, 칼슘카보네이트 0.3%, 마그네슘브로마이드 0.2% 등을 포함한 92가지의 다양한 에센셜 미네랄을 함유하고 있다. 바다 소금의 미네랄은 신체의 자연적인 방어력을 개선해 신진대사를 증가시키고, 염증 완화 및 살균 효과를 지니고 있다. 미네랄 속의 칼륨과 나트륨은 피부세포에 에너지를 공급해 주고, 마그네슘은 피부 속의 효소를 활성해 신진대사를 가속화한다. 씨솔트의 분자는 우리의 혈액세포와 비슷한 구조로 이루어져 있으므로, 혈액과 림프로 흡수가 되어 독소와 지방을 배출한다. 세로토닌과 멜라토닌 생성을 도와줌으로써 스트레스나 우울증에 긍정적인 변화를 줄 수 있다.

당뇨병 환자들에게 천연 인슐린 역할을 하며, 혈당수치를 조절하는 데 도움이 된다.

### 4) 탈라소 테라피의 인증 기준

(1) 바닷가 바로 앞 1km 반경에 있어야 하며, 바다 기후의 직접적인 영향 범위 내에 있어야 한다.

(2) 치료에 사용되는 바닷물은 신선해야 한다. 바닷물의 구성 요소들이 잘 보존되도록 가공되어서는 안 된다(24시간 내 사용).

(3) 휴양 손님이 매일 3가지 개인 치료를 받을 수 있도록, 각 기관은 적어도 1개의 수영장과 넉넉한 수의 탈의실을 제공할 수 있어야 한다.
(4) 적어도 1명에서 여러 명의 의료진을 보유하고 있어야 한다. 전문적인 마사지사, 수치료사와 트레이너가 한 팀을 이루어 일해야 한다.
(5) 지속해서 위생을 관리하고 안전해야 한다.
(6) 건강증진을 위한 다음의 목표하에 치료들이 제공된다(긴장 완화, 식단, 물리적 활동은 최소한의 요구 조건이다).
(7) 알레르기 유발물질이 적고, 바다 공기가 깨끗해야 한다.
(8) 일광 요법을 위해서는 일차적으로 자연적인 햇빛을 사용하는데, 불리한 날씨 조건 속에서는 인조 자외선으로 대체한다.
(9) 기후 노출과 운동 치료는 물가 근처 구역에서 진행된다.

＊ 상기 요구 조건들은 독일 탈라소 테라피 등록 협회에 속한 한 위원회로부터 작성되었고, 2002년 1월 12일에 개최된 첫 번째 유럽 탈라소 테라피 Rostock-Warnernuende 회의 때 논의된 것이다.

### 5) 탈라소 테라피의 적용 대상 및 금기 대상

탈라소 테라피는 의사와의 상담을 통해 다음과 같은 고객들에게 적용한다.
(1) 스트레스 완화
(2) 류머티즘
(3) 순환기계 문제
(4) 신경계 질환 및 재활이 필요한 사람
(5) 관절염
(6) 피부질환
(7) 이비인후과 질환
(8) 만성적인 호흡기 및 폐질환
(9) 과체중
(10) 기타 혈압, 관절, 척추, 호흡기 통증 관련 질환 및 아토피, 무좀, 변비 등

다음과 같은 경우에는 적용을 금지하거나 의사의 동의를 얻어 제한적으로 실시한다.

(1) 임산부

(2) 갑상선 질환자, 요오드 섭취 제한자

(3) 신경계 및 심혈관계 질환자

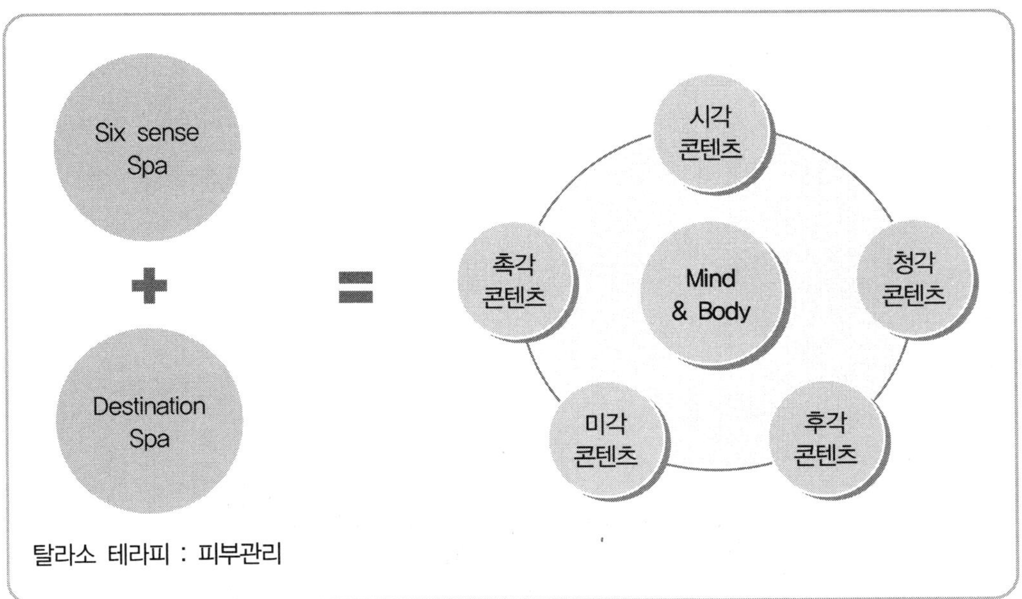


[그림 5-2] 탈라소 테라피의 효능과 활용

## 4 해양기후요법(헬리오 요법)

기후요법이란 맑은 공기, 햇빛, 좋은 날씨 등 일상과 다른 기후 환경 속에서 기후의 특성을 이용해 질병을 치유하는 자연치유법을 말한다. 즉, 건강에 좋은 영향을 미치는 기후 조건을 활용해 건강증진과 질병예방을 도모하는 치유 활동이다. 기후요법은 지형과 대기의 특성에 따라 해양기후요법, 온천기후요법, 고산기후요법 세 가지로 분류한다.

해양기후란 해안 지역에서 볼 수 있는 전형적인 기후를 말하며 해양의 영향을 받아 육지와는 다른 특성을 나타낸다. 해수가 태양으로부터의 복사열을 흡수하여 해류의 순환을 통해 열을 운반하고 다시 대기로 방출시키기 때문에 대기 중에 수증기가 많이 포함되어 있어 습도가 높은 특성이 있다. 태양열의 흡수 정도와 전달 속도가 달라 육지에 비해 공기의 온도 상승이 적어 내륙에 비해 연중 평균 기온의 일교차와 연교차의 변화가 적다. 따라서 겨울에는 온난하고 여름에는 시원하다. 육지에 비해 미세 먼지가 적고 오존이나 자외선이 풍부하여 보건요양에 유익한 영향을 미친다.

이러한 태양의 에어로졸은 파도의 물보다 염류가 많이 포함되어 있어 세균 발육저지작용을 하기 때문에 호흡기 감염 치료에 효과적이다. 해상에는 지형의 영향이 없기 때문에 풍속도 강하다. 면역력이 약한 사람이 해양기후에 노출되면 초기 며칠 동안은 거친 바람과 기후 인자들이 자극원으로 작용하여 피로감을 느끼게 된다. 하지만 해양기후에 반복적인 노출로 적응이 되면 심폐기능이 강화되고 기초 신진대사가 빨라지며 결과적으로 면역력이 높아진다.

이러한 이유로 유럽에서는 오래전부터 아토피 피부염, 기관지, 천식 등 알러지 질환자들과 당뇨병, 심장병을 앓고 있는 사람들이 한겨울에 청정한 바닷가에 머물며 장기요양을 해왔던 것도 이 때문이다.

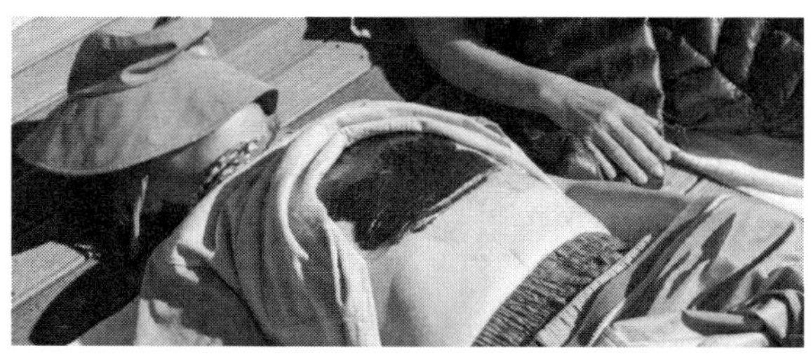

[그림 5-3] 헬리오테라피

## 5 펠로이드 테라피

펠로이드 테라피는 머드, 피트, 팽고, 백토 등 토탄을 써서 하는 해양치유를 말한다. 우리나라에서 뿐만 아니라 이탈리아 및 독일 등 유럽에서 피부미용을 비롯해 근골격계의 건강증진을 위해 널리 사용하는 치유법 중 하나이다.

피트는 산림, 해안가, 습지에서 수백 년간 미생물이 분해한 토탄으로 인체에 유용한 생리활성물질을 담고 있다.

후민산, 풀빅산 같은 유기물질은 항염작용 및 혈액순환촉진작용이 탁월하다.

우리가 잘 아는 머드는 바다 밑바닥에 가라앉아 있는 점토성 진흙으로 동식물들의 분해산물과 토양 및 염류 등이 퇴적돼 형성된 광물질이다.

해사보다 입자가 작은 해니, 미네랄, 염화물, 마그네슘, 칼슘, 칼륨 등이 풍부하다.

피트나 머드의 주요 사용방법은 배스형태를 포함해 신체부위에 나눠서는 랩핑, 도포와 더불어 작업치료 형태가 있다.

전신 배스요법은 말 그대로 전신이 들어가는 치유용 욕조에 피트나 머드를 풀어 근골격계 통증 완화 및 생리통 완화로 신체 전체에 영향을 준다.

반죽을 통증이 있는 특정 신체부위에 발라 치유효과를 내는 국부도포요법, 피트/머드 패드를 마찬가지로 통증이 있는 곳에 붙이는 패드 요법도 그 중 하나이다.

작업치료는 피트나 머드 속에 발이나 손을 넣어 움직이게 하는 재활운동요법을 의미한다.

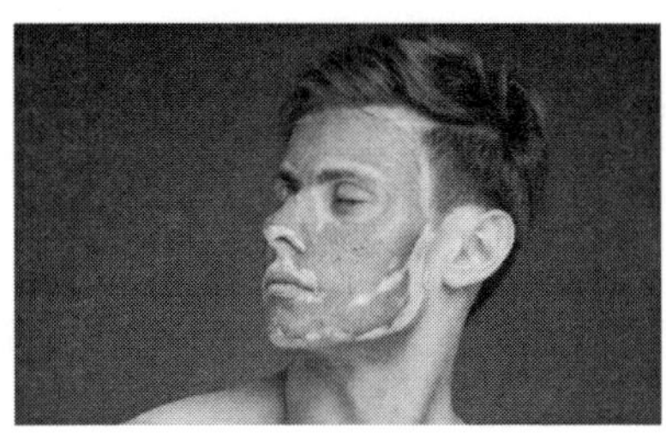

[그림 5-4] 펠로이드 테라피

## 6 심리요법

### 1) 스트레스

세계보건기구(WHO)는 건강한 상태를 '육체적, 정신적 및 사회적 안녕 상태가 유지되는 것'으로 정의하고 있다. 이러한 점에서 정신건강은 건강학적 관점에서 신체건강만큼이나 중요하다고 할 수 있다. 그러나 늘 이러한 건강한 상태를 유지하는 것은 쉽지 않다. 특히 우리나라는 OECD 국가 중 자살률이 수년간 1위를 기록하고 있어 특별히 정신건강의 문제는 심각하다. 따라서, 소위 '정신건강의 적'으로 알려져 있는 스트레스에 대한 정확한 이해가 매우 중요하다.

### (1) 스트레스의 이해

#### ① 스트레스란(정의)

스트레스(Stress)란 라틴어에서 기원한 단어로, '적응하기 어려운 환경이나 조건에 처할 때 유기체가 경험하는 신체적, 심리적 긴장이나 장애'를 뜻한다. 물리학에서는 스트레스를 '외부의 힘에 의해 압축되거나 신장된 뒤에 원래의 크기와 형태로 되돌아 올 수 있는 탄성'이란 뜻으로 사용하기도 했다. 1658년 후크(Hooke)의 법칙에서는 '변형(Strain 또는 Deformation)을 일으키는 외부의 힘(압력)'이란 뜻으로 사용했다.

일반적으로 우리가 스트레스라고 하는 것은 대체로 스트레스 반응을 의미하게 되는데, 여기서 스트레스 반응이란 '스트레스 요인에 반응하는 개인적 경험'을 의미한다. 그리고 스트레스 요인은 스트레스 반응을 촉발하는 외부 사건이다.

#### ② 스트레스원(요인)

스트레스원은 크게 다음과 같이 정신 사회적, 환경적, 신체적, 심리적 요인으로 구분할 수 있다.

##### ㉠ 정신 사회적 요인

배우자의 사망, 이혼, 별거, 가까운 가족의 사망 등과 같은 생활 사건이 이에 해당하며, 업무에서 경험하는 과도한 스트레스인 직무 스트레스도 여기에 포함된다.

##### ㉡ 환경적 요인

환경과 접촉해서 일어나는 자극으로 공기의 오염, 부족한 조명, 과도한 소음, 비좁은 공간, 부족한 환기, 추운 온도, 비위생적인 환경 등이 해당되며, 대부분의 사람에게서 스트레스 반응을 일으킨다.

㉢ 신체적 요인

부적절하고 과도한 육체적 노력을 요구하는 상황에서는 다양한 생리적 스트레스 반응이 나타날 수 있다.

㉣ 심리적 요인

자기지각이나 자아개념과 같은 자아상, 특히 열등감과 같은 부정적인 자아상이 스트레스 반응을 일으킬 수 있다. 공격적이며 경쟁적인 성격인 A형 성격도 이에 해당된다.

③ 스트레스의 반응(증상)

스트레스는 신체적, 행동적, 정서적, 인지적, 사회적 증상으로 나타날 수 있다.

㉠ 신체적 증상

숨 가쁨, 심장 두근거림, 근육이 뻣뻣해지거나 긴장됨, 두통, 배탈, 이를 악물거나 주먹을 꽉 쥠, 어지러움, 떨림, 설사, 이갈이, 발한, 기절할 것 같음, 성욕 감퇴, 피곤함, 안절부절 못함

㉡ 행동적 증상

과식, 식욕 감퇴, 불면, 사고(Accident)가 잦음, 술을 많이 마심, 할 일을 회피함, 수면 장애, 업무를 마치는 데 문제가 있음, 가만히 못 있음, 몸이 떨림, 울음, 담배를 더 피움

㉢ 정서적 증상

화를 잘 냄, 분노, 걱정, 집중하기 어려움, 부정적 태도, 외로움, 기분이 좋지 않거나 우울함, 긴장됨, 토라짐, 진정할 수 없음

㉣ 인지적 증상

불안한 생각 또는 통제 불능한 생각이 끊이지 않거나 생각이 느려짐, 두려운 일을 예상, 집중력 부족, 기억이 잘 나지 않음

㉤ 사회적 증상

사람들을 피함, 혼자 지냄, 분통을 터뜨림, 사람들에게 쉽게 짜증을 냄

④ 좋은 스트레스와 나쁜 스트레스

우리는 흔히 실직, 가족의 사망, 실패와 같은 부정적인 감정을 느끼게 하는 요인들만을 스트레스원이라고 생각하기 쉬우나, 사실 우리의 기분을 즐겁게 해주는 승진, 결혼과 같은 생활 사건들도 오히려 정신적 부담을 가중시켜 부정적 스트레스 반응을 일으킬 수도 있다.

반면에 어떠한 스트레스는 도움이 되기도 하는데, 때로는 적절한 스트레스가 우리의 생활에 활력을 불어넣어 자신감을 심어 주고, 일의 생산성과 창의력을 높이는 것과 같은 상황이 이에 해당될 수 있다. 예컨대 중요한 시험이나 심사를 앞두고 있는 상황에서 전혀 스트레스를 받지도 않고 긴장도 하지 않는다면, 오히려 나태함으로 주어진 과제를 잘 수행하지 못할 것이다. 이처럼 어떤 경우에는 스트레스가 긍정적 효과를 낼 수도 있는데, 이러한 긍정적 효과를 극대화시킬 수 있는 스트레스를 최적 스트레스(Eustress)라고 한다. 이에 대비되는 일반적으로 사용되는 부정적 의미의 스트레스는 디스트레스(Distress)라고 표현한다. 스트레스 관리의 측면에서는 디스트레스의 효과를 극소화하고 최적 스트레스의 효과는 극대화하는 것이 핵심 요소이며, 통상 스트레스라고 명명할 때에는 디스트레스를 의미하는 것으로 간주하는 것이 일반적이다.

## 2) 스트레스가 건강에 미치는 영향

### (1) 스트레스와 정신 질환

스트레스와 그에 대한 반응으로 나타난 감정적 흥분이 커지면, 유전적 혹은 체적으로 취약하거나 소인 및 위험성이 있는 사람의 경우에는, 고조된 감정을 통제하지 못해 통제력을 잃을 위험에 빠질 수 있다. 개체는 이러한 상태로부터 자신을 지키기 위해 문제해결 및 생존을 위한 정신적인 대응 전략을 동원하게 된다. 그러나 이러한 노력이 실패하면 다양한 정신 질환이 생길 수 있다. 다음은 대표적인 스트레스 이후 나타날 수 있는 정신 질환이다.

① **주요 우울장애**(Major depressive disorder)

주관적으로 우울한 기분 또는 흥미나 즐거움의 상실 등 주요 증상이 2주 이상 지속될 때 진단을 고려할 수 있으며, 스트레스와 흔하게 연관된 주요 정신 질환이다. 미국 정신건강의학회『정신장애 진단 및 통계 편람(Diagnostic and Statistical manual of Mental Disorder, DSM) 제5판』의 주요 우울장애 진단기준은 다음과 같다.

[DSM-5의 주요 우울장애 진단기준]

다음의 증상 중 다섯 가지 또는 그 이상이 2주 연속으로 지속되며, 이전의 기능 상태와 비교할 때 변화를 보이는 경우인데, 증상 가운데 적어도 하나는 우울 기분이거나 흥미나 즐거움의 상실이어야 한다.

㉠ 하루 중 대부분, 그리고 거의 매일 지속되는 우울 기분에 대해 주관적으로 보고하거나 객관적으로 관찰된다.

㉡ 거의 매일, 하루 중 대부분, 거의 또는 모든 일상활동에 대한 흥미나 즐거움이 뚜렷하게 저하된다.

㉢ 체중 조절을 하고 있지 않은 상태에서 의미 있는 체중 감소나 증가, 거의 매일 나타나는 식욕의 감소나 증가가 있다.

㉣ 거의 매일 나타나는 불면이나 과다 수면이 있다.

㉤ 거의 매일 나타나는 저인 운동 초조(Psychomotor agitation)나 지연(Psychomotor retardation)이 있다.

㉥ 거의 매일 나타나는 피로나 활력의 상실이 있다.

㉦ 거의 매일 느끼는 무가치감 또는 과도하거나 부적절한 죄책감이 있다.

㉧ 거의 매일 나타나는 사고력이나 집중력의 감소 또는 우유부단함이 있다.

㉨ 죽음에 대한 반복적인 생각, 구체적인 계획 없이 반복되는 자살 사고(suicide thoughts : suicidal ideation), 또는 자살 시도나 자살 수행에 대한 구체적인 계획이 있다.

이들 증상이 사회적, 직업적, 또는 다른 중요한 기능 영역에서 임상적으로 현저한 고통이나 손상을 초래하며, 다른 의학적 상태나 물질의 생리적 효과로 인한 것이 아닐 때 진단할 수 있다.

② 불안(Anxiety)

불안은 일반적으로 위험에 대비하기 위해 나타나는 인지, 정서 또는 행동의 변화로, 스트레스 이후 정서적 고통의 가장 흔한 형태다. 가벼운 긴장과 걱정에서 심한 초조와 공황에 이르기까지 넓은 스펙트럼의 불안 증상을 경험한다. 두통, 호흡곤란, 가슴답답함, 두근거림, 소화불량, 가슴에 뭔가 걸린 듯한 느낌 등의 신체 증상도 불안의 표현으로 나타날 수 있다. 불안 장애에는 공황 장애, 광장 공포증, 범불안 장애 등이 있다.

③ 외상 후 스트레스 장애(Post-traumatic stress disorder, PTSD)

심한 스트레스를 유발하는 심리적 외상(trauma)에 노출되었을 때 정신 기능에 이상 반응이 나타나는 질환을 외상 후 스트레스 장애라고 한다. 일반적으로 학대, 폭력, 사고, 전쟁, 재해 등으로 인한 극심한 스트레스와 관련되어 나타나지만, 치명적인 신체 질환에 의해서도 유발될 수 있다. 한 가지 또는 그 이상의 외상성 사건에 노출되었을 때 PTSD 환자에게서는 특징적 증상이 발생한다. 즉, 침습 증상(침습적인 기억이나 고통스러운 꿈 등), 회피 증상(고통스러운 기억, 생각 또는 감정을 회피하거나 관련 장소나 사물, 상황을 회피), 인지와 감정의 부정적 변화(해리성 기억 상실, 공포, 죄책감 등의 부정적 감정 상태) 그리고 관련 각성과 반응성의 변화(과각성, 집중력 문제, 수면 교란 등)의 증상들이 나타난다.

④ 자살

스트레스에 취약해 방어하지 못할 경우, 가장 극단적인 상태로 자살이 있다. 우리나라는 OECD 소속 국가 중 자살률 1위라는 불명예를 유지하고 있고, 자살 고위험도 국가에 속하므로, 해양치유사는 스트레스와 관련한 자살 위험성에 대해 잘 숙지하고 있어야 한다. 한편, 일반적인 우려와 달리 자살하고 싶은 생각이 있느냐고 질문하는 것이 오히려 자살 위험이 높은 사람의 긴장을 완화시키고 자살 충동을 낮춘다. 따라서 해양치유사가 자살 사고를 나타내는 대상자와 면담하게 될 경우, 우선적으로 대상자에게 미래에 대한 걱정에 관해 말할 기회를 주고, 힘든 감정을 표현할 수 있도록 도와주어야 한다. 그리고 가능한 한 빨리 정신건강의학과 전문의의 진료를 받게 하도록 해야 한다. 전문 진료와 함께 위험도가 높은 사람이라고 판단될 경우에는 당장 위험한 물건(다량의 약이나 날카로운 칼 등)을 치우고 가족이나 친구들에게도 알려 치료에 참여시킬 수 있도록 하는 것도 매우 중요하다.

## 7 영양요법

영양실조가 자주 일어나는 현대인들의 식생활 습관을 볼 때, 식이요법만으로는 신체 전반에 걸친 영양 물질을 충분히 공급할 수가 없다는 견지에서 비타민이나 광물질들을 함유한 영양 공급을 해야 여러 가지 질병, 외상, 수명 연장 등에 영향을 줄 수가 있고, 육체적, 정신적 건강을 유지하고 또 만성질환 예방에도 기여한다.

보건복지부는 2010년 국민건강수명 75세를 목표로 만성질환의 원인이 되는 부적절한 식습관을 개선하기 위해 한국인을 위한 식생활 목표와 식생활 지침 및 성인, 노인, 영・유아, 임신・수유부, 어린이 및 청소년을 위한 식생활 실천지침을 정해 지도하고 있다.

### 1) 한국인을 위한 식생활 목표

(1) 열량과 단백질을 권장량에 맞게 섭취한다.
(2) 칼슘, 철분, 비타민A, 리보플라빈 섭취를 증가시킨다.
(3) 지질의 섭취는 총열량의 20%를 넘지 않게 섭취한다.
(4) 소금은 하루에 10g 이하로 섭취한다.
(5) 알코올 섭취를 줄인다.
(6) 건강체중(BMI 18.5~25)을 유지한다.
(7) 바른 식습관을 유지한다.
(8) 전통 식생활을 발전시킨다.
(9) 식품을 위생적으로 관리한다.
(10) 음식 낭비를 줄인다.

### 2) 한국인을 위한 식생활 지침

(1) 곡류・채소・과일류・어육류・유제품 등 다양한 제품을 섭취한다.
(2) 짠 음식은 피하고 싱겁게 먹는다.

(3) 건강체중을 유지하기 위해 활동량을 늘리고 알맞게 섭취한다.
(4) 식사는 즐겁게 하고 아침을 꼭 먹는다.
(5) 술을 마실 때는 그 양을 제한한다.
(6) 음식은 위생적으로 필요한 만큼 준비한다.
(7) 밥을 주식으로 하는 우리 식생활을 즐긴다.

### 3) 성인을 위한 식생활 실천지침

#### (1) 채소 · 과일 · 유제품을 매일 섭취한다.

① 여러 가지 채소를 매일 섭취한다.
② 다양한 제철과일을 섭취한다.
③ 우유, 요구르트, 치즈 등 유제품을 간식으로 섭취한다.

#### (2) 지방이 많은 고기와 튀긴 음식을 적게 섭취한다.

① 튀기거나 볶은 음식을 적게 섭취한다.
② 등푸른 생선을 자주 섭취한다.

#### (3) 짠 음식을 피하고 싱겁게 먹는다.

① 장아찌, 젓갈 같은 짠 음식을 적게 섭취한다.
② 음식을 만들거나 먹을 때 소금이나 간장을 적게 사용한다.
③ 국과 찌개의 국물을 적게 섭취한다.

#### (4) 활동량을 늘리고 알맞게 섭취한다.

① 운동은 1회 30분 이상, 1주 3~4회 이상 한다.
② 생활 속에서 신체활동량을 늘린다.
③ 단 음식과 단 음료를 제한한다.
④ 건강체중을 유지한다.

#### (5) 술을 마실 때는 그 양을 제한한다.

① 되도록 음주를 피한다.

② 남자는 하루 2잔, 여자는 하루 1잔 이내로 제한한다(2잔은 소주로 3잔, 맥주로 2캔, 양주로 2잔에 해당한다).

③ 임산부나 청소년은 절대 술을 마시지 않는다.

#### (6) 세끼 식사를 규칙적으로 즐겁게 한다.

① 아침을 거르지 않는다.

② 저녁식사는 가족과 함께 한다.

#### (7) 음식은 먹을 만큼 준비하고 위생적으로 관리한다.

① 음식은 먹을 만큼 만들거나 주문한다.

② 남은 음식은 바로 냉장보관하고 오래 두지 않는다.

#### (8) 밥을 주식으로 하는 우리 식생활을 즐긴다.

① 밥과 다양한 반찬을 갖춘 식단으로 영양균형을 유지한다.

### 4) 노인을 위한 식생활 실천지침

#### (1) 채소, 고기나 생선, 콩 제품 반찬을 골고루 섭취한다.

① 다양한 채소 반찬을 매끼 섭취한다.

② 고기나, 생선, 달걀, 콩 제품 반찬을 매일 섭취한다.

#### (2) 우유 제품과 과일 제품을 매일 섭취한다.

① 다양한 제철과일을 섭취한다.

#### (3) 짠 음식을 피하고 싱겁게 먹는다.

① 장아찌, 젓갈 같은 짠 음식을 적게 섭취한다.

② 음식을 만들거나 먹을 때 소금이나 간장을 적게 사용한다.

③ 국과 찌개의 국물을 적게 섭취한다.

**(4) 많이 움직여서 식욕과 적당한 체중을 유지한다.**

① 자신에게 알맞은 운동을 규칙적으로 한다.

② 많이 걷고 움직이는 생활을 한다.

**(5) 술을 절제하고, 물을 충분히 섭취한다.**

① 되도록 술을 마시지 않는다.

② 술을 마실 때는 하루 1잔 이내로 제한한다(1잔은 소주로 1.5잔, 맥주로 1캔, 양주로 1잔에 해당한다).

③ 물을 자주 섭취한다.

**(6) 세끼 식사와 간식을 꼭 섭취한다.**

① 세끼 식사를 규칙적으로 한다.

② 조금씩 자주 섭취한다.

**(7) 음식은 먹을 만큼 준비하고, 오래된 것은 먹지 않는다.**

① 음식은 한꺼번에 많이 만들지 않는다.

② 남은 음식은 바로 냉장보관하고, 오래 두지 않는다.

## 8 해독요법

우리의 건강을 위태롭게 하는 유해 성분 또는 독소를 없애 주는, 즉 몸 밖으로 내보내는 치료법을 제독 또는 해독요법이라 한다. 인간들은 대기권, 물, 음식, 토양 등으로부터 수많은 오염물질이나 화학적 독소들에 노출되어 있다. 이로 인해 면역기능 저하, 신경질환, 호르몬 기능 저하, 정신질환, 암 등이 발생할 수 있다. 이러한 경우 절식 요법, 식이요법, 장요법, 비타민 C 요법, 발열요법 등을 사용하여 체내의 독소를 제거하는 방법이다.

몸속의 독소는 반드시 제거해야 한다. 독소를 잘 다스리고 독소의 배출을 위한 현명한 지혜가 필요하다. 이렇듯 독소는 우리의 삶 바로 가까이에 우리를 더럽히고 있고 이 쌓이는 독소를 제거하고 최소화 하는 것이 건강을 유지하는 방법이고 몸 안에 쌓인 독을 제거하는 것이 건강의 첫 걸음이라면 독을 제거하는 방법으로는 바른 먹거리로 몸을 정화시키는 것과 운동을 통해 몸 밖으로 배출시켜야 한다.

### 1) 독소를 제거하는 생활습관법

(1) **영양섭취** : 다양한 영양소를 골고루 섭취한다.
(2) **운동** : 1주일에 땀을 흘릴 정도로 2회 정도 실시한다.
(3) **물** : 하루 2리터 이상의 좋은 물을 충분히 마셔야 한다.
(4) **햇빛** : 매일 30분 이상의 햇빛을 쬐이거나 일광욕을 한다.
(5) **절제** : 담배, 마약 등 몸에 해로운 물질의 섭취를 금해야 한다.
(6) **공기** : 맑고 깨끗한 공기를 마시기 위해 삼림욕을 권장한다.
(7) **휴식** : 잠은 7시간 이상, 휴식은 재충전의 원동력이다.
(8) **긍정적 마음** : 스트레스를 이겨내는 긍정적 마인드가 필요하다.

## 9 향기요법

### 1) 향기요법 개요

남녀가 서로 마주하고 있을 때 그 상대가 매력적이라고 느끼는 것은 다분히 냄새 때문이라는 이론이 있다. "이 여자한테서 이러한 냄새가 나는구나"하는 식으로 코로 맡을 수 있는 그런 냄새가 아니다. 내 코가 맡을 수는 없는데, 뇌가 감지할 수 있는 그런 냄새를 말한다. 햇빛도 우리 눈으로 볼 수 있는 가시광선이 있고 자외선이나 적외선처럼 우리 눈으로 볼 수 없는 파장대의 광선도 있다. 소리도 우리 귀로 들리는 소리가 있는가 하면 주파수가 높은 초음파나 주파수가 너무 낮은 저주파는 우리 귀에 안 들리는 파장대의 소리이다. 이처럼 냄새는 냄새인데, 우리 코로 맡을 수 없는 냄새도 있다는 뜻이다.

냄새는 우리 삶에 있어 없어서는 안 될 매우 중요한 부분이다. 사람은 누구나 자기가 좋아하는 향기가 있게 마련이며, 그 종류도 다양하여 향수나 로션 같은 화장품, 또는 꽃바구니나 마사지 오일 등에도 사용하고 있다. 정신분석학자 프로이드(Sigmund Freud)

는 도시생활을 한다는 것은 우리에게서 땅에서 스며 나오는 온갖 향기를 맡을 기회를 빼앗는 것이며, 현대인의 노이로제가 증가하는 것도 이와 무관하지 않다고 하였다.

최근에는 전세계적으로 오감의 자극을 통한 치료 방법을 다양하게 개발하고 있다. 냄새를 맡고 그 자극으로 치료 효과를 노리는 것도 그 중에 하나이다. 향기요법이 본격적으로 치료의 한 분야로 두각을 나타내기 시작한 것은 정말 뜻하지 않은 데서 비롯되었다. 1920년대에 향수 산업에 종사하던 프랑스의 한 화학자 가트포스(Gattefosse) 박사가 자신의 손에 심한 화상을 입고 어떨결에 옆에 있던 라벤더 오일 통에 손을 담근 사건이 그 계기가 되었다. 놀랍게도 불에 덴 자리와 통증이 급속히 사라져 버렸기 때문에, 그는 라벤더 오일에 치료 및 소독 효과가 들어 있는 것으로 확신하게 된 것이다. 그 후 그는 다른 오일로도 실험을 해 보았고 그것들 역시 다양한 피부질환에 효능이 있다고 믿게 되었다.

아로마테라피는 다양한 식물의 정유(Essential Oil)에서 나온 약물성분(Medicinal Properties)을 이용하는 생약요법의 한 분야이다. 이들 정유(향유)는 다양한 꽃, 뿌리, 잎, 나무껍질, 과일껍질에서, 증류(Steam Distillation)나 냉각압축(Cold Pressing)의 과정을 통해서 추출해 낸, 향내가 강하고 휘발성・인화성이 강한 물질이다. '태평양 향기요법 센터' 소장인 커트 슈나우벨트(Dr. Kurt Schnaubelt)는 "향기요법이 단순한 냄새효과로 잘못 인식되는 경향이 있는데, 사실은 정유(Essential Oils)가 독특한 약리학적 성질(Pharmacological Properties)을 갖고 있고 또 그 성분의 분자가 아주 작기(Small Molecular Size) 때문에 인체 조직 속으로 쉽게 침투할 수 있어서 치유효과를 높이는 것"이라고 설명하고 있다.

## 2) 향기요법의 작용기전

### (1) 향유가 지니는 약리학적 성질

① 항생제 역할(Antibiotic)
② 항 바이러스성(Antiviral)
③ 항 경련성(Antispasmodic)
④ 이뇨작용(Diuretics)
⑤ 혈관 확장(Vasodilators)
⑥ 혈관 수축(Vasoconstrictors)

### (2) 향유의 기능적 성질

① 부신(Adrenals), 난소, 갑상선에 작용하여 생기를 활성화(Energize)

② 해독작용(Detoxify)

③ 소화과정을 도와줌(Facilitate the Digestive Process)

④ 염증을 치료(Treating Infection)

⑤ 신경의 여러 부분을 상호 반응케 함(Interacting with Various Branches of Nervous System)

⑥ 면역반응을 조절(Modifying Immune Response)

⑦ 정서와 감정(Moods and Emotion)을 조화시킴

### (3) 향기의 생리학적 영향

① 후각은 우리의 오감 중에서 가장 예민하다. 공기 중에 어떤 냄새 혹은 향기가 있으면, 그것은 떠돌다가 콧구멍 위쪽에 달려 있는 후각 수용체들을 활성화시킨다. 나이가 젊을 때는 가늘고 솜털 같은 수용체들이 달아서 30일 주기로 새로 생겨나지만, 나이가 들어감에 따라 생성도가 늦춰지고 노년에 가서는 아예 생겨나지도 않는다. 상당수 노인들이 냄새를 잘 못 맡는 것은 이 때문이다.

냄새가 향기 분자의 형태로 코 점막에 도달하면 이 부위의 말초 신경에서 전기 신호로 바뀌게 되고 이렇게 생긴 전기 정보는 우리의 감정을 좌우하는 변연계(Limbic System)로 들어가게 된다. 변연계는 자신의 과거 경험과 감정과 직결되는 부분이지만 심장 박동, 혈압, 호흡, 기억, 스트레스의 수준, 호르몬의 균형 등과도 연결되어 있다. 따라서, 향유는 생리적 또는 심리적 효과를 가장 빠르게 일으키는 수단일 수 있다. 이 같은 것들이 복합적으로 작용하여 특정 질병이나 이상에 일부 영향을 끼치는 것이다.

② 향기요법 분야의 선두 연구자인 미국의 존 스틸(John Steele, Ph. D.)과 영국의 로버트 티세란드(Robert Tisserand)는 냄새가 뇌파에 미치는 영향에 관해 연구하였는데, 오렌지(Orange), 자스민(Jasmine), 로즈(Rose) 등의 향유는 진정효과를 갖고 있으며 안정감과 건강한 느낌을 유발하는 뇌파를 일으키고, 바질(Basil), 후추(Black Pepper), 로즈마리(Rosemary), 카다몬(Cadamon) 등과 같은 자극적 향유는 흥분반응(Heightened Energy Response)을 일으키는 뇌파로 유도된다.

### (4) 아로마테라피의 사용 방법

향유는 흡입을 통해서, 피부도포 방법으로, 또는 경구적으로 사용한다.

① 살포기를 사용하는 법

향유의 미세입자를 공기 중에 뿌린다. 호흡기 증상을 호전시킬 목적으로 또는 단순히 기분을 좋게 하는 효과나 정서안정 효과를 위한 분위기 전환 목적으로도 사용한다.

② 피부에 바르는 방법

향유는 피부를 통해서 쉽게 흡수된다. 편리한 방법으로는 목욕, 마사지, 온냉 찜질, 혹은 그냥 피부에 문지르는 방법으로 사용한다. 로즈마리와 같은 향유는 피부를 통해서 독소를 제거하는 효과를 지니고 있다. 찜질은 경미한 통증을 완화시키고, 부종을 가라앉혀, 삔(Sprain) 데를 치료하는 효과도 있다.

③ 먹는 방법

어떤 장기(Organ)에 기질적 병변(Disease)이 아니라 기능장해로 인한 경미한 증상을 완화할 목적으로 경구적 방법이 도움이 될 수 있다. 이런 경우에는 의료 전문가의 지시 감독하에 시행하여야 안전하다.

### (5) 아로마테라피의 적응증

최근에는 향기요법으로 전염병을 치료하는 면에서 특별한 관심이 고조되고 있다. 특히 향기치료 의학이 제도화된 프랑스에서 광범위하게 이용되고 있다. 프랑스에서는 의사들이 아로마테라피를 처방하는 것을 쉽게 볼 수 있으며, 약국에서도 향유를 일반 약품과 나란히 진열해 놓고 판매하고 있다. 영국에서는 향기요법이 주로 스트레스 관련 질환 치료에 많이 이용되고 있다.

간호사들은 향유 마사지로 환자의 통증을 완화시켜 주거나 불면증에 시달리는 환자들을 도와주고 있다. 이러한 마사지 요법은 특히 수술이나 말기 암이나 에이즈와 관련된 스트레스 관리에 도움을 주고 있다. 영국의 많은 병원에서는 공기로 퍼지는 전염병을 예방할 목적으로 레몬, 라벤더, 레몬그라스 등의 증발형 향유를 사용한다. 또 염증을 치료하기 위해 향유를 피부에 직접 발라주기도 한다.

## 10 식이요법

질병의 유지와 건강증진을 위하여 가장 중요한 것은 음식이다. 다리에서 혈관을 떼다가 심장에 붙여주는 것 같은 희한한 치료법은 정통의술이고, 우리가 늘 먹는 음식이 대체요법으로 취급되는 것이 좀 이상하다고 지적하는 사람도 있다. 그것은 "서양의학에서 일반적으로 처방하는 음식"이 아닌 "기타의 음식 먹는 법"을 다 보완대체요법으로 다루게 되기 때문이다. 역사적으로 축적된 임상 경험은 "다양한 과일과 채소를 많이 먹으면, 암이나 심혈관 질환 같은 성인병의 발병 위험도를 현격히 줄인다."는 점을 충분히 제시하고 있다.

### 1) 음식에 대한 태도별 유형

돈 아델(Don Ardell) 박사는 식사습관과 태도에 따라 사람들을 다음의 여섯 가지 유형으로 분류하였다.

#### (1) 생존자(Survivors)형

살기 위해 먹는 사람들이다. 살아남을 수 있을 정도로만 먹는 사람이다. 먹지 않으면 안 될 처지에서만 그냥 앞에 높여 있는 식탁에서 눈에 띄는 것만을 조금 먹고 마는 유형이다. 먹는 것에 대해서는 아예 생각하기도 싫어하고 흥미도 전혀 없는 부류인 것이다.

#### (2) 식도락(Vaudevillers)형

보드빌이라고 하는 쇼를 하는, 배불뚝이 광대와 같은 유형이다. 식사를 하나의 공연행사처럼 생각하는 사람들이다. 하루 중에 식사 시간을 가장 귀중한 시간으로 여기며, 아침식사를 할 생각에 들뜬 마음으로 자리에 일어나고 조반을 먹자마자 점심 먹을 생각부터 하며, 푸짐한 저녁식사가 그날 최고의 향연이고 밤에는 예외 없이 밤참을 챙겨 먹는 사람들이다.

#### (3) 병 기피(Disease Avoiders)형

일종의 병 공포 형이다. 소위 건강 전문가들의 노력의 산물이다. 건강 서적이나 남의

말만 듣고, 질병에 대한 공포심을 가진 나머지 '이것도 안 먹고, 저것도 안 먹고'하는 식으로 기피하는 음식이 너무 많아서, 자기 스스로 먹을 수 있는 음식의 수가 아주 제한된 사람들이다.

#### (4) 지방 투쟁(Fat Fighters)형

일상생활이 지방과의 투쟁으로 되어버린 매우 불행한 유형이다. 자신이 먹는 모든 음식은 기름끼로 몸에 축적이 될 거라고 늘 생각하며 또 실제로 그렇게 되는 사람들이다. 식도락형처럼 많이 먹지만, 그들처럼 즐기는 것이 아니라 오히려 일종의 죄의식과 수치심과 비만 염려증으로 꽉 차 있는 부류이다. 그들은 하루 중 많은 시간을 슈퍼마켓이나, 식당이나, 헬스클럽이나 병원에 드나드는 일로 소비하는 경향이 있다.

#### (5) 유행병(Faddist)형

'걱정도 팔자'형이다. 공기나 물이나 음식물이 오염되었을까 지나치게 염려하는 부류이다. 유행처럼 몸에 좋다고 알려진 음식물만 쫓아서 먹을 뿐, 농약을 사용하지 않은 자연식품, 유기농법으로 재배한 야채, 건강식품점에서 구입한 식료 등이 아니면 다 유독 물질로 간주하는 경향이 있다.

#### (6) 건강증진(Health Enhancer)형

진짜 건강중심 생활형이다. 그들도 즐기면서 먹고, 질과 맛을 쫓아 먹고, 분위기를 중요시하며 먹는다. 그러나 그들은 먹는 것에 대한 죄의식 같은 것을 느끼지 않으며, 음식을 지나치게 가려 먹지 않으며, 남들이 좋다고 하는 것을 무조건 따라 먹지 않으며, 살빼 목적으로 헬스클럽이나 병원을 자주 이용하지도 않는다. 그저 건강을 자기 생활의 중심에 놓고 각자 자신의 경험을 토대로 '조절하며 즐기며' 먹는다.

### 2) 식이요법의 종류

전 세계적으로 수많은 식이요법이 알려져 있으나 여기에 중요한 몇 가지를 소개한다.

### (1) 애킨스 식이요법(Atkins Diet)

1970년대부터 유행하기 시작했는데, 애킨스 박사의 '새로운 음식 혁명'이란 책이 베스트셀러가 되면서부터였다. 이 식이요법의 특징은 음식 중의 당질(탄수화물) 함량을 대폭 줄이는 데 있다. 일반적으로 우리가 먹는 음식에는 약 50~60%의 탄수화물이 포함되어 있는데 그것의 1/3~1/2로 줄이라는 것이 애킨스 박사의 추천이다. 그러나 지방질이나 단백질 섭취는 마음대로 한다. 우리가 활동하는 데 필요한 에너지원은 주로 탄수화물인데, 탄수화물의 섭취량이 적으니까 몸에 축적되어 있던 지방질을 대신 소모하기 때문에 체중조절과 건강증진에 도움이 된다. 애킨스 식이요법으로 하루에 140unit의 인슐린을 사용하던 환자가 더 이상 인슐린을 쓸 필요가 없게 되었다는 보고도 있다.

고혈압, 심장질환, 당뇨병, 고지혈증, 골관절염 등이 체중감소로 호전된다는 의학적 증거는 충분히 있으므로, 그리고 애킨스 식이요법은 체중감소에 효험이 있다는 증거는 충분히 있으므로, 이 식이요법이 이상의 질환 치료에 도움이 된다는 간접적인 증거이다. 그러나 일부 전문가들은 고단백질 고지방질 음식을 장기적으로 먹는 것은 성인병 유발 요인이 될 수 있으므로 주의를 요한다고 경고하고 있다.

### (2) 오니쉬 식이요법(Ornish diet)

딘 오니쉬(Dr. Dean Ornish) 박사는 신장 질환의 위험 요인을 줄이는 특별한 식이 방법을 고안했다. 이 식이요법에는 지방질의 섭취를 극도로 낮게 하라는 것이다. 지방질 섭취는 전체 섭취 칼로리량의 10% 수준으로 낮춰야 한다. 오니쉬 식이요법 프로그램에서는 심신의학 요법(Mind-Body Technique), 이완요법(Relaxation), 요가, 운동요법(Exercise), 심리요법(Dealing with Emotional and Relational Dysfunction) 등을 병행해야 한다.

오니쉬 박사는 심장의 관상동맥의 협착이 정상으로 회복된 것을 혈관 조형술로 증명한 예를 보고하고 있다.

### (3) 대쉬 식이요법(DASH, Dietary Approaches to Stopping Hypertension)

여기서 '대쉬'라고 하는 것은 사람의 이름이 아니다. '고혈압 치료를 위한 식이요법'이라고 하는 영어 단어들의 첫머리를 딴 약어의 발음일 뿐이다. 대쉬 식이요법에서는 야채와 과일 같은 전체식과 저지방 유제품을 강조하고 있다. 이 음식은 지방질을 27% 수준으로 낮추고 과일과 야채의 양을 높이는 것을 원칙으로 하며, 채식주의 음식이라고까지는 할 수 없지만 약 11주 정도의 기간에 현저한 혈압강하 효과가 있다는 임상연구 결과도 발표된 바 있다. 약간의 유제품과 고기류도 허용이 되는 프로그램이기 때문에 완전 채식을 거부하는 사람들도 어느 정도 쉽게 수용하는 식이요법인 것이다.

### (4) 지중해식 식이요법(Mediterranean Diet)

지중해 지역에서 보편적으로 먹는 음식인데, 신선한 야채, 올리브유, 생선, 가금류를 많이 먹는다. 이런 음식은 염분(Na)의 함량이 비교적 적고, 올리브유는 몸에 이로운 HDL 콜레스테롤은 낮추지 않으면서도 해로운 LDL 콜레스테롤 량은 낮추는 작용을 한다.

이들 식습관에는 포도, 포도주, 엉겅퀴 등도 많이 사용하는데, 이들에는 심장 질환과 간 질환을 예방하는 항산화제를 제공하고 있다. 지중해식 식이요법이 비만치료에 특별한 효과가 있는 것은 아니지만, 맛도 좋고 쉽게 구할 수도 있으면서 여러 면으로 건강증진에 도움을 주는 음식임에는 틀림이 없다.

### (5) 매크로바이오 식이요법(Macrobiotic Diet)

이것은 기본적으로 동양의 채식이 위주이다. 이 음식에는 쌀, 된장, 해초, 저린 야채 등이 함유된다. 일본계 미국인인 미찌오 구시(Michio Kushi)에 의해서 1980년대 초부터 소개・보급・확산된 주로 암의 예방과 치료를 위한 식이요법이다. 특히 미국의 저명한 한의사 사틸라로(Sattilaro) 박사가 1980년대 초반에 자신의 전립선암을 매크로바이오 식이요법으로 완치시켰다는 사실이 미 전국에 보도됨으로써 더욱 널리 알려지게 되었다. 그러나 매크로바이오 식이요법을 연구하는 일부 학자들은 암을 치료하는 데 있어서 필요한 화학요법, 외과적 수술, 방사선치료, 스트레스 관리, 전일 운동요법, 심신의학, 영적 치료 등을 이 식이요법 프로그램에서 병용할 것을 강력히 권고하고 있다.

### (6) 거슨 식이요법(Gerson Diet)

독일 태생의 의사 맥스 거슨(Max Gerson)에 의해 1930년대에 창시된 식이요법을 그의 이름을 따서 거슨 요법이라 칭한다. 이 거슨 식이요법은 최근에 인기 상승하고 있는 20여 종의 신진대사 식이요법(Metabolic Diet)의 원조라고도 할 수 있는데, 주로 암을 치료하는 항암 요법의 일환으로 응용되고 있다. 이분야의 전문가들은 거슨 식이요법을 통해 신체의 해독 작용과 면역계의 항진을 이끌어 냄으로써 직접 또는 간접으로 암 치료에 도움을 준다고 주장한다. 음식물의 준비와 특별한 용기의 사용 등이 까다로워 환자가 혼자서 해내기는 좀 어려운 식이요법이라는 지적도 있다.

거슨 요법에서는 칼륨(K)을 첨가한 야채 쥬스와 과일 쥬스를 많이 사용하며, 여기서 중요한 것은 유기농법으로 재배된 야채, 과일, 곡물을 주로 사용한다는 점이다. 원래는 송아지 간(Liver) 쥬스도 사용하였으나 일부 환자들이 감염된 간에서 병을 얻은 경우가 발견되고서는 그 사용이 중지되었다. 동물성 단백질은 주로 섭취하지 않는 것을 원칙으로 삼으며, 상당히 많은 종류의 식물성 음식도 제한되어 있다.

### (7) 피라미드식 식이요법(Pyramid Diet)

미국 농무성 영양정보국에서 제공한 영양 분포도를 이용한 식이요법이다. 음식물의 영양 분포를, 많은 양을 소모해야 되는 음식물은 피라미드의 밑바닥에 분포시키고, 적게 소모해야 되는 음식물은 피라미드 꼭대기 부분에 가시적으로 분포시키는 도표이다.

피라미드를 상하로 4등분하여 제일 밑부분 1/4에는 쌀, 빵, 씨리얼, 분식 그룹을 분포시키고, 밑에서 두 번째 1/4에는 과일과 야채를 분포시키고, 밑에서부터 세 번째(위에서부터는 두 번째) 층에는 유제품(우유, 요구르트, 치즈), Poultry와 생선을 포함한 육류, 그리고 콩이나 계란을 포함한 견과류를 분포시키고, 제일 꼭대기에는 지방, 기름, 당류를 분포시킨다. 결국 이러한 피라미드 형태의 비율로 영양분을 섭취하는 것이 건강증진에 도움이 된다는 점을 제시하는 추천 식이도표인 셈이다.

### (8) 존 식이요법(Zone Diet, 영양 분포 영역별 식이요법)

섭취하는 음식물을 엄격하게 10g의 탄수화물, 7g의 단백질, 3g의 지방질의 비율로 구성된 세트 메뉴로 제공된다. 어떤 영양분이 어떤 비율로 함유되어 있는지에 따라 영역(Zone) 또는 띠(Belt)를 정해 놓고 각 사람에 따라 가장 알맞은 음식을 처방하는 식이다. 탄수화물로 자극이 되는 인슐린의 분비를 감소시킴으로써 체중감소의 효과를 노리는 것이다. 규칙적인 운동과 총칼로리 섭취 결제를 병행할 것을 강조하고 있다.

### (9) 당 지표 식이요법(Sugar Busters Diet)

인슐린 분비 기능의 정도에 따라 각 음식물에 '당 지표(Glycemic Index)'를 부여하고, 이 당 지표 수준에 따라 음식물을 분류하고 이 기준에 따라 각 사람에게 알맞은 음식을 처방하는 것이다. 여기서도 규칙적 운동과 총칼로리 절제를 강조한다.

#### (10) 혈액형 식이요법(Food According to Blood Type)

B형은 유목민(Nomads)에서 유래되었음으로 주로 유제품과 소량의 육류를 먹어야 하며, 닭고기는 먹지 말아야 한다. A형은 육류를 잘 소화시키지 못하므로, 채식주의자가 되어야 한다. AB형은 보리와 같은 맥류(Wheat)는 먹어서는 안 되나, 된장, 유제식품, 해물, 그리고 약간의 육류는 먹어도 좋다. O형은 사냥꾼으로부터 진화된 혈액임으로 고육류 저야채 음식을 먹는 게 좋다.

#### (11) 된장 위주 식이요법(Diet using Soy Products)

콩과 된장에는 식물성 여성 호르몬(Phyto-estrogen)이 함유되어 있으므로 유방암 예방에 도움이 된다. 동양 여성들의 유방암 발생률이 서양 여성들보다 낮은 것은 동양 여인들의 모유 수유라든가 저지방 식사 등의 일상생활 습관과 밀접한 관계가 있지만 상당량의 콩과 된장의 소모와도 무관하지 않다는 것이 이 분야 전문가들의 주장이다.

### 3) 식이요법에 대한 권유 사항(General Recommendation about Diets)

#### (1) 동기와 의지를 가져야 한다.

강한 동기 부여가 매우 중요하다. 아무리 좋은 식이요법 프로그램이라 하더라도 시행하려는 강한 의지가 없으면 참여율이 떨어지게 마련이다. 비교적 따라 하기 쉽고, 이론적으로 이해하기 쉬운 식이 프로그램에 더 많은 매력을 느끼게 된다.

#### (2) 채식 위주의 음식이 건강증진에 도움이 된다는 사실은 확실하다.

곡류(Grains), 과일류(Fruits), 채소(Vegetables) 형태로 이루어진 당질(Carbohydrates) 위주의 음식이 우리가 일상생활에서 흔히 접하는 건강상의 문제(비만, 고혈압, 심장 질환, 당뇨병, 암)를 감소시키는 데에 보다 효율적으로 도움을 준다는 경험의 축적과 임상연구의 발표는 무수히 많이 있다. 이것은 많은 섬유질의 함량, 낮은 지방질 함량, 생리적 보호물질(〈프라보노이드, Flabonoids〉, 〈카로틴류 화합물, Carotenoids〉, 〈리그닌 다당류, Lignins〉), 그리고 채식에 포함된 항산화제 등의 영향이라고 볼 수 있다.

### (3) 체중 조절이 아주 중요하다.

식이요법을 통하여 체중을 감소시키는 것도 중요하지만, 체중을 바람직한 수준으로 항상 유지하는 노력이 제일 중요하다. 그러기 위해선 규칙적인 운동 프로그램을 꾸준히 시행하지 않으면 안 된다.

### (4) 자존심을 가져야 한다.

건강유지에는 자존심이 필수 여건이다. 자신감을 갖고 자기를 사랑하는 자존심을 가진 사람이 그렇지 않은 사람보다 더 건강하다는 증거, 즉 성인병에 걸리는 위험률이 상대적으로 낮아진다는 의학적 증거는 얼마든지 있다. 다시 말해서, 똑같이 비만하더라도 자존심이 높은 사람이 병에 잘 안 걸린다는 뜻이다.

## 11 오감요법

삶은 영위(營衛)하는 것이다. 영위는 영양(營養)하고 방위(防衛)하는 것이다.

영양은 짓는다(營, 지을 영, Build)는 의미와 기른다(養, 기를 양, Nourish)는 의미를 갖고 있으며 우리 몸의 세포와 조직과 장기 등의 구조를 짓고, 여기에 자양분을 공급하여 기른다는 뜻이다. 위(衛)는 방위(防衛)를 말하는 것이며, 방위는 막아주고 모신다는 뜻을 지니고 있다. 따라서, 생명이란 영위하는 존재, 즉 '기르고 모시는' 존재라는 뜻임을 알 수 있다.

생명을 유지하기 위한 기본 행위로, 식물에게는 먹고 숨쉬는 행위가 있으며, 동물에게는 먹고 숨쉬는 것 외에 움직이고 잠자는 행위가 추가된다. 그리고 만물의 영장인 사람에게는 생각한다는 행위가 하나 더 추가되는 특혜를 누린다. 이러한 생명의 기본 행위를 제대로 행하기 위해서는 주위환경에 날쌔게 적응하여야 하며, 빠른 적응을 위해서는 주위환경으로부터 끊임없이 정보를 입수해야 한다. 정보를 입수하는 데 사용되는 도구를 감각 기관이라 하며, 가장 중요한 감각 다섯 가지를 오감이라 부른다. 오감에는 시각, 청각, 미각, 취각, 촉각 등이 포함된다.

오감의 감각 기관은 주로 얼굴에 붙어있다. 그래서 주위환경의 정보를 재빨리 입수하기 위해서는 필요한 방향으로 얼굴이 홱홱 돌아가야 한다. 대부분의 동물에 있어서 목의 운동 범위가 가장 다양하고 매우 부드러운 이유는 바로 이 때문이다. 목의 길이가 너무

짧거나 거의 없는 물고기라든가 돼지의 경우처럼 몸 전체를 홱홱 돌릴 줄 모르면 살아남기 어려울 것이다.

사람의 시각은 다른 동물에 비해 아주 둔하지도 않고 그렇다고 아주 예민하지도 않다. 독수리는 밝은 대낮에는 십 리 밖에 있는 병아리를 볼 수 있으며, 부엉이는 밤에 사람 눈으로는 전혀 볼 수 없는 것을 훤하게 볼 수 있다. 말의 눈은 크고 툭 튀어 나와서 한군데 가만히 서 있어도 앞, 뒤, 위, 아래 사방 360° 가 안 보이는 데가 없는데, 사람은 눈을 크게 부릅떠도 보이는 시야는 매우 좁다. 그래서 눈이 움푹 들어간 서양 사람들은 시야도 좁고 눈치도 없는지 모르겠다.

청각은 감정과 밀접한 관계가 있다 소리의 종류에 따라 우리를 놀라게도 만들고 슬프게도 만들고 기쁘게도 만든다. 남성은 시각적인데 비해 여성은 청각적이란 보고도 있다. 깜깜한 동굴 속에 사는 박쥐는 눈으로 보는 것이 아니고, 사람 귀에는 들리지도 않는 초음파를 감지함으로써 날아가는 벌레를 잡아먹는다고 한다.

냄새 맡는 취각도 사람에서는 비교적 둔한 편인데, 그나마 적응도가 높아서 쉽게 냄새의 자극을 잃어버리는 게 특징이다. 공중변소에 처음 들어갈 때는 구린내가 역하게 나다가도 조금 있으면 냄새가 별로 안 나는 것 같은 것이 그 좋은 예이다. 진한 향수 냄새도 항상 옆에 있으면 냄새가 안 나는 법이다. 개는 취각이 유별나게 발달해서 사람보다 500배 이상 냄새를 잘 맡는다고 하며, 5리나 10리 바깥에서 풍기는 냄새도 맡을 수 있다고 한다.

맛을 보는 미각은 다른 감각과는 달라서 혀와 입 안에 닿아야 감지할 수 있으며, 냄새를 제대로 맡을 수 있어야 맛도 제대로 알 수 있다는 사실이다. 감기 걸려서 코가 막히면 입맛도 제대로 나지 않는 것은 이 때문이다. 사과도 코 막고 먹으면 생감자 맛과 구별이 안 된다.

만져 보고 아는 촉각은 온몸에 다 흩어져 있지만, 제일 예민한 부위가 혀이고 그 다음으로 예민한 부분이 손끝이다. 크고 작은 것을 구별한다든가 한 개인지 두 개인지를 구별하는 감각이 제일 둔한 부위는 등이다.

최근에는 대체 의학에 대한 관심과 연구열이 매우 고조되고 있는 세계 추세에 힘을 얻어 오감을 이용한 치료법이 우후죽순처럼 고개를 쳐들고 일어나고 있다. 시각 자극을 이용하여 치료 효과를 노리는 요법에서는 다양한 색깔이나 광선을 이용하기도 하고 그림이나 조각이나 도요(도자기)를 사용하기도 한다. 빨간색은 본능적 열정을, 주홍은 현실성을, 노랑은 지혜를, 초록은 화평을, 파랑은 맑은 정신을, 남색은 직관성을, 보라는 신성을 활성화시켜 주는 작용이 있음으로 환자의 증상에 따라 그에 알맞은 색을 처방할 수 있다. 조각에서처럼 어떤 형태를 봄으로써 뇌 기능을 자극해 주기도 하고, 햇빛과 같은 자연 광선이나 레이저와 같은 인공 광선을 사용하기도 한다.

청각을 자극하는 요법으로는 정서 불안과 언어 장애를 도와주는 '음악 치료', 심신 수련과 건강증진 섭생법으로서 새소리, 파도 소리, 시냇물 소리 등을 이용하는 '자연의 소리' 요법 등을 들 수 있다.

취각 자극에는 향기 요법, 즉 아로마테라피가 포함된다. 특별한 방법으로 추출 조제된 향유를 목욕물에 섞어 목욕을 하거나, 크림에 섞어 피부 마사지를 하거나, 수건에 몇 방울 떨어뜨려 수시로 냄새를 맡거나 함으로써 스트레스를 포함한 여러 가지 증상을 다스리는 데 사용한다.

미각 자극으로는 다섯 가지 맛(단맛, 쓴맛, 짠맛, 신맛, 매운맛)을 조화시킴으로써 건강증진을 이룬다는 한의학의 기미론(氣味論)적 요법이 가장 각광을 받는다.

촉각 자극 요법으로는 전통적인 침술, 뜸, 지압, 부항 외에도 전기, 자기, 초음파, 광선, 레이저, 얼음 등을 사용하는 치료법을 들 수 있고, 마사지나 수기 요법(Manipulation) 또는 터칭(접촉, Touching)요법 등도 여기에 포함시킬 수 있다.

오감을 이용한 치료법은, 동서의학이 협조하여 그 연구에 같이 참여한다면 미래 의학의 한 부분으로서 놀랍게 발전할 것이다.

## 12 요가요법

### 1) 요가의 정의

#### (1) 문자적 의미

요가(Yoga)는 범어(梵語 : Sanskrit)로 '자아 완성의 길'이라는 의미를 담고 있다. 요가의 첫 글자 Y는 '올라탄다'라는 뜻이고, O는 '완성'이란 뜻이며, G는 '수납공간이 있는 장치', 그리고 A는 '어미(語尾)'로 쓰였다. 인간이라는 장치가 외부 환경을 느끼고 수용해 완성의 길에 오른다는 뜻으로 풀이된다. 바가바드 기타경전 '18-45'에서는 '자신의 의무를 다해 완성에 이를 수 있다'라고 했다.

### (2) 단어적 의미

파니니 문전(Panini 文典)은 인도에서 가장 오래되고 권위 있는 고어 사전이다. 어근편 4장 68절에 의하면 Yoga의 어원은 Yuj이고, 이것은 '결합'을 뜻하며, 삼매(三昧 : Samadhi)의 뜻이 있다고 했다. 이 단어는 '말을 마차에 매다'에서 '매다, 묶다'의 뜻으로 쓰였다. 이외에도 Yuj는 리그베다의 여러 곳에 사용되고 있다. 비유적인 뜻을 많이 담고 있는 리그베다에서 '말'은 공중으로 뛰고 달리어 하늘을 날아오르는 것이 되므로, 질 높은 의식에 의해 불변의 세계로 인도함을 상징하고, 땅에서 구르는 바퀴로 짜여진 '마차'는 질 낮은 현상의 차별과 변화 속에 묶인 인간의 집단을 상징한다. 따라서 상대성에 얽매인 인간성을 절대성의 신성으로 변형시키는 방법으로 요가가 발전해왔다. 서로 다른 성질의 조화로운 결합이 우주 자연의 법칙이고, 요가다.

### (3) 철학적 의미

자연현상의 춥고 더움, 밝고 어두움, 움직임과 정지, 의식과 무의식, 수축과 이완, 긴장과 안심, 수직과 수평, 부드러움과 딱딱함, 음성과 양성, 생과 사 등과 같이 서로 다른 성질들이 서로 소중해 균형적 화합을 하고 있는 것이 존재이고, 자연이라는 것이다. 즉, 상평화(相平和) 또는 상응(相應)이 요가의 철학적 뜻이다. 또한, 우주의 진리를 요가(결합, 조화, 관계 맺기, 화합, 합일)라고 보는 것이며, 그러한 완성을 위해 여러 방법을 제시한 것이 요가 수행법이다. 주객이 화합해 합일하고, 범아일여(梵我一如 : 창조주 Brahman과 참나 Atman이 서로 다르지 않고 하나다 : 우파니샤드 4-4-5), 신과 사람이 합일해 최고의 가치, 사랑과 건강과 미와 지혜와 능력을 추구해 자아를 완성되게 실현하려는 것이 바로 요가이며, 생명즉신(生命卽神)이 요가의 정신이다.

### (4) 효과적 의미

정신적으로는 '다각적 안목'(바가바드기타 11-10)의 이해가 열려 마음과 평화가 오고, 마음의 평화에서 지혜가 열린다. 육체적으로는 '수천 가지의 모습'(바가바드기타 11-5)의 능력이 개발되고, '균형적 화합'(바가바드기타 10-33)의 온전한 자기 실현을 이루어 변함이 없는 편안한 기쁨을 이룬다. 육체적 완전함을 통해 아름다운 모습과 우아함을 이루며, 힘셈과 꺾이지 않는 굳센 의지를 이룬다(파탄잘리 요가경 3-46).

요가로 나아가는 길에서 발전의 첫 표시는 몸이 가볍고 밝은 느낌의 편안함이며, 병이 없는 건강이고, 치우친 욕망의 다스림이며, 얼굴의 해맑음이고, 아름다운 목소리이며, 몸에서 풍기는 향긋한 체취이고, 배설이 좋은 상쾌함이다(우파니샤드 2-13).

## 2) 요가의 역사

BC 3,000년경에 발상했던 인더스 문명은 영국 고고학자 존 마샬(Sir John Marshall) 경에 의해 1923년 인더스 강 하류의 모헨조다로(Mohenjodaro)에서 고대 성곽 도시가 발굴되면서 그 존재가 사실로 증명되었다. 그 유물 중에는 요가 좌법을 하고 있는 시바(Siva : 전설상의 요가 창시자) 상과 요가 행자의 상이 있고, 동석제 인장에 새겨진 요가 체위가 있다. 요가 행자의 상은 눈을 반쯤 감고 있으며, 시선은 코끝을 향하고 있다. 요가(YOGA)라는 말이 처음 언급된 것은 〈베다〉(약 2,500년 전에 형성)라는 경전집에서 나타났고, 가르침을 체계화한 것은 후기 베다인 〈우파니샤드〉에서 설명하고, 우주의 근본은 브라만(Brahman)으로 알려진 절대 의식 또는 절대 존재의 사상이 있다. BC 6세기경 두 개의 대서사시 〈라마야나(Ramayana)〉와 마하바라타(Mahabharata)〉가 있는데, 〈마하바라타〉에는 잘 알려진 요가 경전 〈바가바드기타〉가 포함되어 있다. 〈바가바드기타〉에서는 브라만의 화신으로 크리쉬나가 나오는데, 그는 장수 아르쥬나에게 요가를 가르치며, 자신의 의무를 충실히 이행함으로써 삶에 자유를 획득한다고 설파했다. 이 경전은 최근까지도 인도인들에게 생활의 지침과 가르침이 되는 경전이다.

## 3) 복식 호흡의 장점

심신 이완법으로 요가를 할 때는 기본적으로 복식 호흡을 사용한다. 복식 호흡은 장운동을 도와 소화 장애와 변비를 없애고, 체지방을 감소시켜 다이어트에 도움이 된다. 또한 심폐 기능을 향상시키며, 불면증, 우울증 등 불안 장애에 도움을 주는 것으로 알려져 있다. 실제 신경과에서는 스트레스성 두통, 불면증, 불안장애 등 신경성 장애를 치료하기 위해 근육이완 요법의 하나로 복식 호흡을 적극 활용하고 있다. 복식 호흡을 하면 혈중지질상태를 개선해 심장병, 뇌졸중 등 심혈관 계통의 병을 예방하고 치료하는 데 효과적이다. 노르웨이의 오슬로 대학의 한 연구팀이 복식 호흡을 45일째 시행한 사람들의 혈중 지질 농도를 측정하는 실험을 했다. 그 결과 LDL은 25~35% 감소했고, HDL은 다소 증가했다.

### 4) 호흡 이완법

#### (1) 호흡 지켜보기

호흡 지켜보기는 끝없이 들고 나는 호흡을 물끄러미 바라보는 하나의 명상이다. 호흡에 집중하면 가파른 호흡을 자각하게 되고, 느리고 편안한 호흡으로 유도하게 된다. 호흡 지켜보기는 처음에 호흡에 집중하다 보면 곧 내면세계의 자각으로 이어진다. 왜냐하면 호흡이 깊어지다 보면 심신이 이완되면서 대뇌 신피질의 활동이 줄어들면서 본능적으로 내면세계로 의식이 집중된다. 거기에서 억압된 무의식의 충동, 감정, 왜곡된 지각 등을 직관적으로 바라볼 수 있게 된다. 지켜보는 힘이 커지면 고통을 일으키는 비현실적인 집착과 부적절한 분노와 같은 감정을 다룰 수 있게 된다. 호흡 지켜보기는 호흡에 의식을 두고 자각함으로써 내적 평온감이 극대화되면서 심리적 안정과 함께 불편한 감정을 밖으로 폭발해 던지지 않고, 안으로 억누르거나 우울, 불안과 같은 감정에 휩쓸리지 않는 내적 정신력을 강화시킨다. 따라서 호흡 지켜보기는 분노, 우울, 불안 등의 심리적인 문제의 치유에 관여한다. 들숨과 날숨을 자각해 의식을 집중한다. 숨이 들어 올 때 들어오는 것을 알아차리고, 숨이 나갈 때 나가는 것을 알아차리면 된다. 호흡에 대한 알아차림은 평화로운 성격을 띠고 있으며, 몸과 마음의 안정을 이끌어준다.

#### (2) 신체 주사(走査) 이완법(Body Scan 이완법)

신체에 대한 지각을 발가락 끝에서부터 시작해 둔부와 척추 라인을 따라 어깨, 팔, 뒷목까지 쉬지 않고 이어지도록 한다. 긴장되는 부위를 발견한다. 긴장된 신체 부위의 근육을 파악하고 긴장하고 있는 그곳에 힘을 뺀다.

불편한 긴장감이 느껴지거나 통증이 느껴지는 신체 부위를 자각하게 되면, 그 부위에 잠깐 멈추고 집중한다. 아픈 신체 부위에서 숨이 들고 나가고 있다고 생각한다. 이렇게 되면 통증이 조금씩 다른 양상이나 이완의 상태로 변화되는 것을 느끼게 된다. 그런 후 다시 다른 곳으로 의식을 이동한다. 신체 하나하나를 느끼면서 집중한다. 집중력이 떨어지면 다시 호흡에 집중하다가 다시 신체로 돌아가도록 한다.

이러한 이완 방법은 하타 요가 수련이 끝난 후 휴식 시간에 신체의 이완 상태를 유도하기 위한 좋은 방법이다.

### 5) 요가 테라피 구성

요가 테라피(Therapy YOGA)는 통증을 근골격계 기능 부전을 체성기능 부전으로 표출되는 외적 양상으로 이해한다. 요가의 다양한 체위법을 인체 전반의 교정 도구로 활용하며, 수련 과정이 병리학적 상태를 치료하는 것이 아니고, 체성 기능부전 제거에 있는 것이며, 레빈(Levin)이 이완치료에서 보고한 비선형적 치유과정(Nonlinear process)과 일부 흡사하다고 할 수 있다. 인체는 전체적인 기능적 한 단위로서 힘이 어떠한 부위에 가해지면 동일하지 않게 인체 전 기관에 미치게 된다. 이 모델에서 암시하는 것은 신체 한 부분에서 인식되는 조건이 다른 부위의 장애 원인이 될 수 있기 때문에 기능부전의 치료 양식은 증상이 나타나는 신체의 이차적인 부위에 주저하지 말고 치료해도 치유 효과를 볼 수 있다는 사실이다.

전신의 이완 후에 스스로 움직이는 명상을 통해 긴장과 과도하게 늘어난 구조를 스스로 파악하는 과정이 진단 과정으로 통증 유발점과 관련한 위축된 구조를 찾아간다. 치료는 긴장된 구조를 이완하고 약하거나 늘어난 구조를 강화시키는 방법을 이용한다. 이것은 기능적으로 중단됨이 없이 머리끝에서 발 끝에 이르는 3차원 거미줄 망처럼 전신에 분포하는 강인한 결합 조직인 근막의 바른 형성을 통해 신체의 기능부전을 일으키는 각 요소를 제거하면서, 교정의 원리로 골격의 형태를 바로잡아 나가는 것이 치료의 목적이다.

안정화 단계가 되면 약한 근육들을 자각하면서 강화시킨 다음 몸의 체형을 유지하는 주요한 큰 근육들(경부 어깨의 주변근, 흉근, 척추 굴곡근, 신전근, 복부, 둔부, 대퇴근)을 강화시킨다. 모든 동작을 마치면 휴식 전 이완동작으로 전신의 긴장을 풀어준다. 마지막으로 진행자의 지시에 따라 이완에 들어간다.

## 13 명상요법

### 1) 명상의 이해

#### (1) 명상의 역사

명상의 역사는 종교의 역사와 같이 시작되었다고 보는 것이 일반적인 시각이다. 오래전 하늘에 제사를 지내는 사람들이 자신의 영혼을 맑은 상태로 만들기 위해서 몸을 깨끗이 씻고, 동시에 마음도 정화하는 행위를 했는데, 그러한 의식이 명상의 시초로 볼 수 있다.

인도에서는 문자 시대 이전부터 힌두교 등 요가 수행자들이 자신의 심신을 정화하고, 다스리는 방법으로 명상을 해왔으며, 중국에서는 도교의 선인들이 마음을 수양하는 방법으로 명상을 했다. 또한 우리나라에서도 사람들이 하늘에 제사를 지내거나, 정성을 들이는 일이 있을 경우에 자신의 마음을 정화시키기 위해서 명상을 했다고 한다.

이렇게 명상은 오랜 기간 동안 인류의 역사와 함께하면서 종교의 발달에 따라 다양한 방법으로 발전하게 되었다. 현대에 와서는 수행자만이 아니라 보통의 사람들이 신앙이나 종교와 무관하게 자신의 심신 건강법으로 명상을 하게 되었다.

1959년 미국에서는 초월 명상이라는 방법이 알려지면서 처음으로 사람들은 명상에 대해 관심을 갖기 시작했으며, 하버드 대학의 허버트 벤슨 박사 같은 분들이 달라이 라마와 함께 명상에 대한 연구를 하는 등 명상의 과학화에 앞장서 왔다. 그 이후로 많은 의사들이 명상을 연구하면서 의학적인 증명이 이루어졌고, 현재는 미국이나 유럽의 병원에서 보완 요법으로 명상을 활용하고, 일반인들도 자신의 스트레스를 다스리기 위해서 명상을 수련하고 있다. 즉, 명상이 이제는 요가나 도가, 불가 등 종교 수행자들의 전유물이 아니라 전 세계인들이 심신을 효과적으로 이완해 스트레스를 예방하고, 삶의 질을 높이는 데 활용되는 소중한 정신적 자산이 되고 있다.

### (2) 명상의 정의

명상은 영어로 메디테이션(Meditation)이라고 한다. 이것은 약이라는 영어, 메디신(Medicine)과 어원이 동일하다. 두 단어 모두 라틴어 메디타티오(Meditatio)에서 갈라져 나왔으며, 메디(Medi)라는 것이 수정, 해소, 치유의 뜻이 있다. 그러므로 치유라고 했을 때 명상은 그 어원 속에 의미가 담겨 있는 의미만큼 치유와 깊은 관계를 맺고 있다. 명상의 사전적인 의미는 고요히 눈을 감고 깊이 생각하는 것이다. 즉, 이리저리 돌아다니는 마음이 아니고, 노심초사하거나 고민하는 마음이 아니고, 나를 안정시키는 어떤 대상에 고요히 마음이 머무르게 하는 매우 효과적인 방법인 것이다.

명상에 대해서 여러 단체에서는 다양하게 정의하고 있는데, 요가에서는 삼매에 이르는 방법이라고 한다. 즉, 심신을 조절해 우주 의식인 브라만과 개인의식인 아트만을 한데 묶어 삼매에 이르게 하는 방법이라고 한다. 요가의 체계를 잘 설명하고 있는 2400년 전 인도의 파탄잘리가 지은 경전인『요가수트라』에서는 요가를 8단계로 구분하면서 요가 수행을 하다가 집중이 잘되면 7단계로 가는데, 그것을 명상이라고 했다. 그래서 요가인들은 명상이 요가의 체계 속에 들어 있는 것이기 때문에 요가를 곧 명상으로 보기도 한다.

불교에서 명상은 번뇌를 잊고, 무념무상의 세계에 들어 해탈을 얻는 수단이라고 말한다. 즉, 불교의 시조인 석가모니가 생로병사의 고통에서 벗어나는 데 활용한 방법이 바로 명상이라고 한다. 그러므로 불교에서는 명상은 곧 부처가 되는 방법이라고 해도 과언이 아니다. 또한, 중국의 신선도에서는 명상은 곧 불로장생법이라고 하고, 기독교의 수도사 아빠사는 명상은 곧 기도이며, 하나님께로 향하는 뜨거운 마음을 표현해주는 단어라고 한다.

한편, 칼융은 잘못 형성되어 있는 의식을 해체시켜가면서 무의식의 심층으로 다가가기 위한 가장 좋은 수단이라고 했다. 이렇게 여러 단체나 사람들이 다양하게 명상에 대한 정의를 내리지만, 마음을 다룬다는 측면, 마음의 휘트니스라는 측면에서는 공통적이다. 즉, 명상은 불안해하거나, 우울해하거나, 비관하는 부정적인 마음을 다스리고, 안정시키며, 스트레스를 해소 및 힐링하는 데 최적의 방법 중 하나라는 사실은 틀림이 없다.

또, 명상은 스스로의 생각, 감정, 행동을 지켜보는 주체가 되는 힘을 강화시켜준다. 우리는 내가 생각하는 것, 감정, 행동이 보통 자신이라고 생각하는데, 명상을 하다 보면 이런 것들과 자신을 분리시키고, 제3자적 관점에서 지켜볼 수 있게 된다. 부모가 아이를 관찰하듯 자신을 관찰해 습관적인 행동이나 반복적인 감정을 제어하고 조절할 수 있게 된다. 그러기 위해서는 말과 행동을 천천히 하고, 순간순간 깨어 있어 관찰하고 바라봐야 한다.

이런 반복적인 연습을 통해서 정신과 내면의 힘, 지적 능력이 향상되고, 민첩성, 예리함, 집중력과 강인함이 생겨 스트레스를 조절해 내적 평온함이 극대화되고, 나아가 고통으로부터 벗어나게 한다.

명상을 통해 몰입의 상태에 들어가 거듭 자신의 순수 의식과 만나는 경험이 쌓이면 자기 초원의 심리가 확대되어간다. 이 과정에서 자신의 아픔을 물끄러미 들여다보게 되고, 반응하지 않게 되고 그 과정에서 모든 아픔이 낫게 된다.

### (3) 명상의 종류

명상은 다음과 같이 여러 가지 기준으로 그 종류를 나눌 수가 있다.

① 사마타(집중) 명상과 위빠사나(통찰) 명상, 마인드풀니스(마음 챙김) 명상

주의를 두는 방법에 따라서 사마타(집중) 명상과 위빠사나(통찰) 명상으로 구분한다. 그리고 위빠사나 명상의 초보적인 방법으로 마인드풀니스(마음 챙김) 명상이 있다.

사마타(Samatha)란 마음의 작용을 그치게 해서 고요한 상태를 유지하는 것을 말한다. 그러므로 사마타 명상은 요가와 마찬가지로 삼매에 드는 것을 목적으로 하는 방법이다. 집중할 대상을 정하고, 그 대상에 주의가 머무르게 하려는 의도적인 노력을 해야 한다. 즉, 사마타 명상은 한 대상에 집중해 마음의 고요를 얻는 집중명상으로 어떤 자극이 와도 오로지 한 가지에 집중하는 것이다. 예를 들면 호흡에 집중하게 되면 호흡 이외의 모든 자극을 무시하고 오로지 호흡에 집중하는 명상 방법이다.

사마타(집중) 명상을 하면 마음이 한 대상에 수행의 대상에 깊게 집중되어 마음이 평온해지고 고요해진다. 마음이 대상에 집중되어 몰입의 상태가 되었을 때 탐욕, 분노, 자만, 무지, 오해, 우울 등과 같은 모든 고통의 원인들에 대한 집착이 멈추고, 그것들은 대상에 몰입해 있는 내 마음에서 경계 밖으로 탈락하게 된다. 그때 자신을 자극하는 조건에서 자유로워지고 평온함, 고요함, 행복, 평화로움을 느낄 수 있다. 그러므로 사마타(집중) 명상은 힌두교, 불교 등의 많은 수행자들이 행하는 전통적이면서도 동시에 매우 중요한 명상법이다.

빨리어인 위빠사나는 '통찰'이라고 번역하는데, 위빠사나(Vipassana)의 '위(vi)'는 여러 가지라는 의미이고, '빠사나(Passana)'는 관찰 또는 깨달음을 의미한다. 그래서 위빠사나 명상을 통찰 명상이라고 하며, 미얀마, 태국 등 주로 동남아시아인들이 수행하는 명상으로 소승 불교 또는 초기 불교 명상이라고도 한다.

위빠사나(통찰) 명상은 한 생각이 일어나는 것을 바로 알아차리는 명상으로, 내적인 자기 관찰을 통해 깨달음을 얻는 명상이다. 사마타와 달리 생각을 구태여 끊지 않고 대상을 있는 그대로 관찰하는 지혜로운 방법이며, 깊은 사유를 하게 해서 심신의 실상을 이해하게 한다. 그러므로 위빠사나(통찰) 명상은 자신의 몸과 마음에서 일어나는 현상은 그 무엇이든지 일어나는 바로 그 순간을 놓치지 않고, 알아차리는 방법이다.

사마타(집중) 명상은 마음이 가지고 있는 여러 가지 한계나 상황에서 벗어나 삼매에 들어가는 것을 목적으로 하며, 위빠사나(통찰) 명상도 결국 번뇌를 버리고, 지혜를 얻는 것이 목적인만큼 해로운 것을 버린다는 점에서는 같다. 또한, 이 순간을 살아가는 것이 사람의 실제 모습이기 때문에 두 가지 명상 모두 다 현재 일어나는 것을 중요시하

는 공통점이 있다. 한 가지 염두에 두어야 할 것은 사마타(집중) 명상이나 위빠사나(통찰) 명상이나 크게는 방법이 같지만, 지엽적으로 들어가면 수많은 방법들이 있다는 점이다.

마인드풀니스(Mindfulness)란 마음 챙김으로 번역하며, 불교의 위빠사나(통찰) 명상을 근간으로 하지만, 반드시 그 목적이 수행자들처럼 깨달음, 해탈인 것은 아닌 점이 다르다. 위빠사나(통찰) 명상에 대한 의학적 해석으로 명명된 마인드풀니스(마음 챙김) 명상이란 생각을 산란하게 하는 외부 자극이나 자기 생각과 감정 등을 무시하지 않고, 오히려 이런 것에 주의를 기울여 이를 살피면서 행복감, 기분 좋음, 편안함을 알아차리는 명상이다. 즉, 지금 이 순간에 나타나고 있는 경험에 대해 그것이 유쾌하거나, 불쾌하거나에 상관없이 오직 호기심과 관심을 갖고 열린 마음으로 살펴보는 것이다.

어떤 사람들은 마인드풀니스(마음 챙김) 명상을 위빠사나(통찰) 명상과 하나로 보기도 하지만, 굳이 나누려면 마인드풀니스(마음 챙김) 명상은 위빠사나(통찰) 명상을 할 때 가지는 마음 자세라고 볼 수 있다. 즉, 마인드풀니스(마음 챙김) 명상이란 위빠사나(통찰) 명상을 하면서 몸과 마음의 현상을 바라볼 때 주의를 집중해서 보는, 즉 정신 차려서 본다는 의미다.

수행자뿐만 아니라 과거에 매여서 지금 이 순간에 존재함을 잊고 지내는 환자나 일반인이 스트레스를 감소시키고, 마음의 평화를 얻기 위해서 하는 초보적이고 효과적인 명상법이다. 허버트 벤슨 박사를 비롯한 미국 의사들이 명상의 과학성을 증명하면서 스트레스가 많은 사람, 심리적인 도움이 필요한 사람을 위한 프로그램을 개발할 때 마인드풀니스(마음 챙김) 명상을 중심으로 삼았다.

### ② 실용 명상/힐링 명상

명상하는 목적과 주체, 즉 명상을 왜 하는지, 누가 하느냐에 따서 실용 명상, 힐링 명상으로 구분할 수가 있다.

실용 명상은 명상에 많은 시간을 투자해서 하는 수행자가 하는 명상과 달리, 비교적 짧은 시간에 장소에 구애 받음이 없이 하는 것이 특징이다. 또한 수행 명상처럼 깨달음이 목적이 아니며, 깊은 휴식과 재충전, 감성 회복, 인격 향상을 위해서 하는 실리적인 명상법이다. 실용 명상의 대표적인 방법은 자연을 가슴에 담는 '자연품 명상'이라고 할 수 있다. 바다나 산, 숲에 가서 그 자연을 깊이 느끼는 방법이면서도, 동시에 내가 있는 그 자리로 자연을 불러오는 명상법으로, 누구나 쉽게 할 수 있고 효과적이기 때문에 실용 명상이라고 한다. 해양자원을 활용한 명상도 자연이라는 환경적 요소를 활용해서 비교적 쉽게 실행할 수 있기 때문에 실용 명상의 일종으로 분류할 수 있다.

힐링 명상은 병원이나 힐링 센터에서 환자들의 치유를 돕는 보완 요법으로 활용되는 방법으로, 그 효과는 의학적으로 검증된 지 오래다. 미국 하버드 대학의 허버트 벤슨 박사가 명상에 대한 장기간의 연구 끝에 명상을 하면 이완 반응이 일어난다고 증명했다. 즉, 명상을 하면 저심박, 호흡수 감소, 혈압 하강, 느린 뇌파, 신진대사 감소 같은 일련의 특징적인 신체 상태에 도달하게 되는데, 그러한 결과를 유도하는 명상을 힐링 명상이라고 한다. 이러한 힐링 명상은 스트레스에 의한 유해한 영향과 불쾌감을 극복하는 방법으로 심리적 패턴이 변화되어 근심의 고리를 끊을 수 있게 하는 것이 핵심이다. 이와 같이 힐링 명상은 질병에서 회복되기를 간절히 원하는 환자인 경우에 빠른 효과를 볼 수 있다.

### (4) 명상의 의학적 효과

수행자들이 행하던 명상이 현대에 와서 환자들이나 일반인들에게 각광을 받게 된 것은 그리 오래된 것이 아니고, 명상에 대한 과학적인 연구가 진행되면서부터다. 미국에서 명상에 대한 연구를 시작한 것은 1960년대부터인데, 동양의 신비로 알려진 명상에 대한 연구가 활발해 그 효과가 과학적으로 증명되면서 명상을 하는 일반인들이나 환자들의 수가 기하급수적으로 늘어났다. 2003년 8월 4일자 〈타임지〉의 커버스토리는 명상의 과학이었는데, 그것은 과학적 검증을 중요하게 생각하는 미국에서는 명상에 대한 인식에 일대 혁명이 일어났다는 것을 알리는 신호탄이라고 볼 수 있다.

미국 위스콘신 대학의 리처드 데이비슨 교수는 혈류와 관련된 변화를 감지해 뇌 활동을 측정하는 기술, 즉 기능적 자기 공명 영상인 FMRI(Functional Magnetic Resonance Imaging)를 명상에 적용했다. 그 결과 명상을 하면 우뇌의 활동이 줄고, 좌뇌의 전두엽의 활동이 활발해져서 심리적으로 안정감, 평화감, 행복감, 동정심 등이 나타나는 것을 입증했다. 명상은 생리적으로도 도움이 될 수 있지만, 환자들에게는 심리적인 불안감과 비관적인 생각이 자기도 모르게 잘 나는데, 이것을 해소하는 데 큰 도움을 줄 수 있다는 것이다. 이렇게 명상이 스트레스 해소와 예방, 자연 치유력을 증강시키는 데 분명하고도 의학적인 효과가 있음이 밝혀졌기 때문에 개인뿐만 아니라 병원에서는 보완 요법으로 활용하고 있다.

암 치료에 세계적인 명성이 있는 뉴욕 메모리얼 슬론 캐터링 암센터는 통합 의학 센터의 배리어 케슬리쓰 박사(Barrie R. cassileth)가 중심이 되어 명상을 보완 요법으로 사용하고 있다. 케슬리쓰 박사는 환자들은 명상을 통해 즐거운 기분을 회복해 병에 대한 통제력을 얻을 수 있기 때문에 적극적으로 권유한다고 했다.

메사추세츠 의대 병원의 존카밧진 박사는 이러한 명상의 의학적 효과에 기인해 마음챙김 명상(호흡, 시각, 청각, 후각, 미각, 촉각 등 우리가 가지고 있는 감각에 대한 반응을 최대한 깨닫는 것)을 중심으로, 환자들의 치료에 도움을 주는 스트레스 감소 프로그램을 개발(일명 MBSR)했고, 미국 내 대형 병원 등에서 보완 요법으로 많이 활용하고 있다.

특히 기업에서 명상을 활용하는 것은 스트레스와 관련해서 명상의 효과가 탁월한 것으로 밝혀졌기 때문이다. 몸에 해로운 신체적 정신적 자극이 가해졌을 때 생체가 나타내는 반응인 스트레스를 받으면, 사람의 몸에는 다음과 같은 생리적 변화가 일어난다. 교감 신경계가 비정상적으로 활성화되어 부신 수질은 에피네프린(아드레날린)을 분비해 심장 박동수를 증가시키고 혈관을 수축시키며, 부신 피질은 코티졸을 분비해 몸의 에너지를 증폭시킨다. 이러한 현상이 만성화되면 생체의 에너지가 고갈되어 신체적 정신적 문제를 불러일으킨다. 즉 고혈압, 당뇨, 소화 불량, 면역 기능 약화 등과 공격성, 폭력성, 창의력 감소, 우울, 과민성, 부정적인 사고 등이 커진다. 그런데 명상이 가지는 가장 중요한 의학적인 효과는 바로 자율신경의 안정, 즉 긴장과 이완 균형된 편안함이고, 그에 따른 행복 호르몬인 세로토닌 분비다. 명상을 통해 깊은 이완이 일어나고, 그 이완은 세로토닌을 분비하고, 자율신경의 균형을 유지하게 함으로써, 생각과 감정과 방어체력(자연 치유력과 면역력)을 강화시킨다. 즉, 육체적인 건강뿐만 아니라 인생에서 발생하는 많은 문제를 해결하는 지혜를 얻는 데도 매우 효과적인 방법이 명상이다.

이렇게 명상이 스트레스 감소에 효과적이다 보니 기업에서도 구성원들을 위해서 활용하는 빈도가 기하급수적으로 늘어나게 되었다. 특히 하버드 의대 벤슨 박사와 웰레스 박사가 공동으로 연구해 명상의 생리학이란 주제로 사이언티픽 아메리칸 지에 발표한 자료를 보면, 7시간 수면을 취할 때 깊은 숙면 상태보다 10분간 명상을 한 집단이 휴식의 효과는 2배 정도가 높았다고 한다. 이는 명상의 시간이 부족한 현대인에게 얼마나 의미 있는 휴식의 수단인지를 알려주는 매우 중요한 연구결과다. 일에 쫓겨 시간이 부족한 사람들은 쉴 시간도 없다고 하는데, 10분이라는 짧은 시간으로 재충전이 잘 된다면, 이보다 더 인생을 늘려 사는 방법은 없을 것이다. 그리고 단순히 자연 치유력뿐만 아니라, 상황을 객관적으로 보는 통찰력이 생기거나, 창의적인 생각을 잘 하게 되거나, 판단력이 향상되는 등 그 효과는 삶 전반에 걸쳐 나타나고 있다는 연구결과다.

그 결과, 기업 등에서는 인재들의 두뇌 관리 및 재충전을 위해서 활발하게 명상을 활용하게 되었다. 우리가 잘 아는 애플사의 창업자인 스티브 잡스는 명상 마니아로 유명하며, 세계적인 기업인 구글도 직원들에게 명상 프로그램을 제공하고 있다. 또한, 현재 실리콘밸리에서 성업 중인 많은 IT 기업의 구성원들이 명상을 하고 있다는 사실도 이러한 명상의 과학적 효과 검증에 기인한다.

## 14 산림요법

### 1) 정의

인체에 미치는 생리적·심리적 효과를 토대로 산과 숲을 통하여 병을 예방하거나 향기, 경관 등 자연의 다양한 요소를 활용하여 인체의 면역력을 높이고 건강을 증진시키는 활동이다.

### 2) 산림의 치유인자

산림은 경관, 피톤치드, 음이온, 산소, 소리, 햇빛과 같은 치유인자들로 구성되어 있다.

#### (1) 경관

산림을 이루고 있는 녹색은 눈의 피로를 풀어주며 마음의 안정을 가져온다. 시간에 따라 변화하는 산림의 계절감은 또 하나의 매력으로 인간의 주의력을 자연스럽게 집중시켜 주어 피로감을 풀어주는 효과가 있다.

#### (2) 피톤치드

나무가 해충과 상처로부터 스스로를 지키기 위해 생성하는 물질이다. 피톤치드는 식물의 'phyton'과 살해자의 'cide'의 합성어로 염증을 완화시키며, 산림 내 공기에 존재하는 휘발성의 피톤치드는 인간의 후각을 자극하여 마음의 안정과 쾌적감을 가져온다.

#### (3) 음이온

일상생활에서 산성화되기 쉬운 인간의 신체를 중성화시키는 음이온은 산림의 호흡작용, 산림 내 토양의 증산작용, 계곡 또는 폭포주변과 같은 쾌적한 자연환경에 많은 양이 존재한다.

#### (4) 소리

산림에서 발생되는 소리는 인간을 편안하게 하며, 집중력을 향상시키는 비교적 넓은 음폭의 백색의 특성을 가지고 있다. 산림의 소리는 계절마다 다른 특성을 가지며, 봄의 소리는 가장 안정된 소리의 특징을 보인다.

#### (5) 햇빛

산림에서 도시보다 피부암, 백내장과 면역학적으로 인체와 해로운 자외선 차단효과가 뛰어나 오랜 시간 야외활동이 가능하다. 세로토닌을 촉진시켜 우울증을 예방하거나 치료하는 방법으로 넓게 활용되고 있으며, 뼈를 튼튼하게 하고 세포의 분화를 돕는 비타민D 합성에 필수적이다.

### 3) 산림요법 효과

(1) 우울증을 완화하는데 효과
(2) 숲길 걷기는 혈압을 낮추는데 도움
(3) 암 수술 후 회복에 도움
(4) 숲에서는 아토피피부염, 천식이 호전
(5) 스트레스 호르몬 '코티솔' 감소
(6) 안정된 상태에서 많이 발생하는 뇌파 '알파파' 증가
(7) 면역력을 높이는 'NK세포' 증가
(8) 노화방지에 도움을 주는 '항산화효소' 증가

제6장

# 해양치유프로그램

1. 해양치유프로그램의 이해
2. 해양치유 유형과 프로그램
3. 해양치유프로그램 기획
4. 해양치유프로그램 운영
5. 해양치유효과 분석 및 성과관리

제6장

o c e a n   h e a l i n g   t h e o r y

# 해양치유프로그램

## 1 해양치유프로그램의 이해

### 1) 필요성 및 목적

#### (1) 해양치유모델 구축

① 해양치유자원의 활용도 극대화

- AI 기술 적용된 헬스케어 서비스 기반 조성
- 관광, 레저스포츠 융합 고부가 치유
- 관광사업발굴

#### (2) 수요자 구축

① 전 국민을 위한 치유관광 플랫폼 구축

- 수요자 중심 해양치유모델 구축
- 전 국민 대상 건강증진 및 스트레스 관리
- 대사질환, 만성질환 예방・치유・재활에 효과적인 해양치유서비스 플랫폼 구축

### (3) 프로그램 검증

① 데이터기반 서비스 평가 및 검증

- 기초 데이터 축적을 통한 프로그램의 효과성, 타당성을 과학적으로 검증

## 2 해양치유 유형과 프로그램

### 1) 목적 및 산업적 관점에서의 분류

해양치유의 유형은 다소 중복되는 부분이 많지만 형태별, 목적별, 산업별로 다음과 같이 구분할 수 있다.

- 의료기관의 연계 유무에 따라 의료 비개입형과 의료 개입형으로 분류할 수 있다.
- 목적에 따라 WELLNESS(웰니스)형, HEALING(치유)형, MEDICINE(의료)형으로 분류할 수 있다.
- 산업적 관점에서는 관광레저산업형, 치유산업형, 의료산업형으로 구분할 수 있다.

#### (1) 의료 비개입형 해양치유프로그램

① 웰니스(WELLNESS)형 해양치유 - 관광레저산업 지향적

- 해양공간 또는 해양자원을 활용해 건강을 증진시키려는 목적
- 해양치유의 의료적 개입이 없음
- (의과학적) 근거적 개입이 필수적 아님
- 웰니스, 삶의 질 향상 중심의 치유 프로그램

㉠ 근거적 개입

웰니스형의 해양치유는 해양치유에서 제시하는 프로그램 또는 해양치유에서 이용하는 장비, 시설 등이 의학적으로 검증된 근거를 지닐 필요는 없다. 산림치유와 유사하다고 말할 수 있으나, 산림치유는 삼림치유인자의 생리적 효과를 중심으로 하는 영역인 데 반해 웰니스형 해양치유에서는 관련된 휴양 공간 내의 장비

또는 설비 등도 포함한다는 차이가 있다.

㉡ 인적(의료적) 개입

웰니스형의 해양치유에서는 프로그램을 제공하는 전문가가 의료인일 필요는 없다. 해양치유에서 이용하는 장비, 시설 등이 의학적으로 검증된 근거를 지닐 필요도 없다. 사용되는 장비는 의료용이 아니다.

- 국내에서 민간차원에서 행해지고 있는 대부분의 해수탕, 해수찜질 등이 웰니스형에 가깝다고 할 수 있다.

### (2) 의료 개입형 해양치유프로그램

① **메디컬 웰니스(MEDICAL WELLNESS)형 해양치유프로그램** - 치유산업 지향적

- 해양공간 또는 해양자원을 활용해 건강을 증진시키려는 목적
- 해양치유의 의료적 개입이 있음
- (의과학적) 근거적 개입 필수적임
- 건강증진, 질병예방, 재활치료 중심의 해양치유프로그램
- 치유형 해양치유는 웰니스형과 의료형의 중간 형태
- 웰니스형과 의료형 해양치유는 구분이 간결하나 치유형 해양치유는 웰니스형과 의료형의 겹치는 부분이 많아 명확한 구별은 쉽지 않다.

㉠ **근거적 개입** : 근거적 개입이란 해양치유에서 제시하는 프로그램 또는 해양치유에서 이용하는 장비, 시설 등이 의학적으로 검증된 근거를 지니고 있어야 함을 의미한다. 근거적 개입은 산림치유의 의학적 근거를 제시하는 산림의학과 유사하다고 말할 수 있으나, 산림의학이 삼림치유인자의 생리적 효과를 중심으로 하는 영역인 데 반해 해양치유에서는 관련된 휴양 공간 내의 장비 또는 설비 등도 포함한다는 차이가 있다.

㉡ **의료적(인적) 개입** : 인적 개입이란 의사, 간호사 등의 의료인이 해양치유 모델이 제시하는 과정에 개입하는 것을 말하는데, 구체적으로는 해양치유 의료적 개입을

3단계 수준으로 개입되는 경우를 상정할 수 있다.

- 의료 개입 수준 1(개발) : 프로그램을 개발하는 단계에서 개발 참여자로 의료인이 개입하는 수준
- 의료 개입 수준 2(교육) : 의료인이 인력양성 교재 개발이나 강의에 참여하거나 방문객에게 강의를 담당하는 수준
- 의료 개입 단계 3(자문) : 의료인이 프로그램에 참여한 방문객의 건강상태에 맞춰 코스에 대한 조언을 하거나 방문객 개인의 자문을 하는 수준

㉢ 일본이나 프랑스에서 진행되는 탈라소 테라피는 치유형에 가까운 해양치유라 말할 수 있다.

② **의료(MEDICINE)형 해양치유프로그램** - 의료산업 지향적

- 여기에서 사용되는 의료는 전통적으로 도심에서 행해지는 수술이나 약물치료 중심의 의료와는 달리 휴양지에서 행해지는 의료(Health resort medicine)의 특징을 가진 의료다.
- 휴양지 의료의 특징은 우수한 자연치유 자원(해양 또는 산림 같은)을 약물적 치료와 병행한다.
- 의료형 해양치유는 웰니스형, 치유형 해양치유와는 달리 근거적 개입과 의료 개입이 필수적인 유형이다.

㉠ **근거적 개입 필요**

의료형 해양치유 모델이 성립하기 위해서는 해양치유에서 제시하는 프로그램 또는 해양치유에서 이용하는 장비, 시설 등이 의학적으로 검증된 근거를 지니고 있어야 한다. 근거적 개입은 산림치유의 의학적 근거를 제시하는 산림의학과 유사하다고 말할 수 있으나, 산림의학이 삼림치유인자의 생리적 효과를 중심으로 하는 영역인 데 반해 해양치유에서는 관련된 휴양 공간 내의 장비 또는 설비 등도 포함한다는 차이가 있다.

㉡ 의료 개입 수준

인적 개입에는 의료인이 상주해 참여하는 것이 필수적이다. 인적 개입 수준 또한 의료인이 해양치유프로그램 개발, 교육, 자문에 참여할 뿐만 아니라, 해양치유 현장에서의 검진, 실제적 진행 및 처방이 포함된다. 치유형과 비교해 인적 개입 수준이 더 의료적이어서 구체적으로 해양치유 의료적 개입을 6단계 수준으로 개입되는 경우를 상정할 수 있다.

- 의료 개입 수준 1(개발) : 프로그램을 개발하는 단계에서 개발 참여자로 의료인이 개입하는 수준
- 의료 개입 수준 2(교육) : 의료인이 인력양성 교재 개발이나 강의에 참여하거나 방문객에게 강의를 담당하는 강의자 수준
- 의료 개입 단계 3(자문) : 의료인이 프로그램에 참여한 방문객의 건강상태에 맞춰 코스에 대한 조언을 하거나 방문객 개인의 자문을 하는 수준
- 의료 개입 수준 4(검진) : 의료인이 프로그램 참가자의 전후 건강상태 측정과 상담 등에 개입해 측정과 검진을 담당하는 수준
- 의료 개입 단계 5(진행) : 의료인이 프로그램을 함께 진행하면서 각 과정의 의학적 효과를 설명하고 방문객의 건강상태에 맞춰 진행을 주도적으로 이끄는 수준
- 의료 개입 단계 6(처방) : 의료인이 의학적 의견을 기반으로 처방을 내리고 이 처방에 의거해 프로그램을 결정하는 역할을 하는 수준

ⓐ 독일의 휴양치유단지(Kurort) 내 의료가 의료형에 가까운 해양치유라 말할 수 있다.

ⓑ 치유형 또는 의료형 해양치유가 성립하기 위해서는 각 개입 내의 유형 또는 내용과는 상관없이, 의학적 근거의 개입과 의료 개입 두 가지가 반드시 조합되어야 한다.

ⓒ 각 개입 내의 모든 유형을 갖추어야 하는 것은 아니나, 반드시 개입은 이루어져야 하며, 많은 개입 내 유형을 갖춘 경우 해양치유 적용 모델의 수준이 높다고 할 수 있다.

ⓓ 해양치유 Type A(거주지 의사의 개입)와 Type B(휴양지 의사의 개입)의 경

우, 의료적 근거를 지니고 있으며, 거주지 의료인이 검사/진단자와 처방자로 개입하고 있다.

ⓔ 독일의 쿠어오르트와 같은 Type C(거주/휴양지 의사의 개입)의 경우, 치유자원뿐만 아니라 일부 시설과 장비의 의료적 근거가 제시되면서, 거주자와 휴양지의 의료인이 프로그램 개발 참여자, 검사/진단자, 처방자로서 개입하고 있다.

건강증진을 위한 해양치유프로그램은 일률적으로 고정된 형식이 있을 수 없다. 건강증진 프로그램 구성 시 가장 먼저 고려되어야 할 중요한 것은 대상이 누구인가에 따라 프로그램 내용이 전혀 다르게 구성될 수 있다. 또한 현장의 환경, 시설, 장비 및 전문 인력의 유무에 따라 변형되어 구성될 수 있다.

## 3 해양치유프로그램 기획

### 1) 기본방향

(1) 지역 해양치유 특성화 프로그램 도출
(2) 해양레저산업과 해양치유사업 대내외 역량 분석
(3) 참가자 기초 정보를 통한 치유활동으로 치유프로그램 효과성・타당성 분석
(4) 사회적・문화적・경제적 인프라 및 여건분석, 웰니스 산업 접목
(5) 지역관광여건 고려 목표설정

### 2) 연구추진방법 및 주요내용

#### (1) 프로그램 추진 전략

① AI 건강관리(AI 건강관리+치유서비스)

- 생체신호데이터 수집 등 AI 기술 적용 헬스케어 서비스

② 해양치유서비스 이용자 선정

- 건강인, 질환인 등 생리주기별 대상

③ 의료연계 및 추적 관찰

- 수집된 데이터를 의료인프라와 연계

④ 관광자원(해양치유+관광자원)

- 관광자원과 연계하여 해양치유자원 활용으로 특성화

⑤ 고부가서비스 창출

- 지속가능자원 활용하여 지역경제 활성화 및 일자리 창출

### (2) 특성화 프로그램 개발

기본방향에 따른 프로그램 개발

### (3) 프로그램별 검진(상담)체계 마련

① 검진(상담)프로세스 확립

② 의료기관(보건소, 개인병원) 연계 방안

### (4) 프로그램별 기간/비용/소요인력 · 시설

기본방향에 따른 프로그램 개발

### (5) 프로그램별 연계 치유 식단 개발

로컬푸드 활용, 프로그램 참여자 특성별 식단 개발

### (6) 관광자원 연계

① 기본방향

- 다양한 관광자원과 스토리텔링 기반 연계 모색
- 해양레저관광자원 연계 체류형 모델 제시
- 주요 해양치유자원과 연계 가능한 산림・농업・관광자원 검토

② 연구추진방법 및 발굴

- 지역 해양레저관광 여건 수렴 및 지역 관광 관계자 니즈 분석, 협업
- 각 세부도출 결과는 관련 전문가 자문 추진

㉠ 주요 관광자원 발굴

- 연계가능 관광자원 목록화
- 연간, 계절별 방문객 및 수요층 분석

㉡ 관광자원별 특성 및 관리현황

- 관광자원별 연혁 및 히스토리 검토

㉢ 해양치유센터 운영전략 연계

- 휴식과 휴양, 체류형 치유힐링 컨셉

㉣ 해양치유+관광자원 스토리텔링

- 트렌드에 부합되는 스토리 구성
- 휴식, 체험, 활동형 연계 프로그램 구성

㉤ 지역관계자 수요조사 및 협력체계

- 지역의 산림, 농업, 관광자원 연계
- 지역경제참여 및 기여방안 강구

# 4 해양치유프로그램 운영

## 1) 프로그램 진행과 효과검증

### (1) 프로그램 진행 순서

참가자 확인 및 일정안내 → 기초정보획득 → 프로그램 진행 → 효과 측정 → 종료 및 사후관리

### (2) 프로그램 홍보

① SNS 홍보
- 해양치유 카드뉴스 홍보
- SNS 참여 이벤트 프로모션

② 온라인 홍보
- 해양치유 필요성 홍보
- 여행몰 메인페이지 프로그램 홍보
- 예약 플랫폼(PC, 모바일)

③ 보도자료 홍보 등

### (3) 프로그램효과 검증

① 기본방향

㉠ 심리적 : 해양치유 만족도 조사(전반적인 만족도, 시설, 활동장소에 대한 만족도, 인식변화, 재참여 의사, 추천의향, 세부프로그램 만족도, 기타 자유의견)

㉡ 생리적 : 신체적, 심리적 스트레스 완화 효능 검증

㉢ 신체적 : 운동능력 향상효과 검증

② 효능 검증 바이오 마커/평가도구 도출

㉠ **심리적 기능 향상** : 불안 및 우울 개선, 삶의 질 및 수면의 질 향상, 인지기능 향상, 프로그램 만족도

㉡ **생리적 지표 향상** : 체성분 변화, 생체징후 개선, 근육상태 개선

㉢ **신체적 기능 향상** : 통증 및 피로감 개선, 보행 및 균형 향상, 근력 향상

㉣ **라이프스타일 변화** : 식습관 변화, 절주 및 금연, 학습활동 프로그램, 신체활동 프로그램

③ <u>프로그램효과 검증 설계</u>

㉠ 심리적 · 생리적 · 신체적 지표 활용 과학적 검증

ⓐ 심리적 지표(설문검사)

- 우울, 기분상태, 삶의 질, 수면의 질, 인지기능, 뇌 피로도, 활력도, 집중도, 불안, 억제, 분노, 스트레스

ⓑ 생리적 지표(웨어러블기기)

- 체성분 및 체격, 생체 징후인 산소포화도, 심박동, 호흡수, 혈압, 근육상태

ⓒ 신체적 지표(운동기능)

- 감각 : 통증, 피로감
- 보행능력 : 시공간 분석, 기능적 보행능력
- 균형능력 : 보행 및 동작균형 검사, 전체 및 4개 영역별 시간측정, 정적균형 측정
- 근력 : 상지근육, 하지근육

# 5 해양치유효과 분석 및 성과관리

## 1) 만족도 및 효과분석 기반 프로그램 flow

### (1) 프로그램 검토

수집된 만족도 조사 및 효과 평가 피드백

### (2) 세부 프로그램 우선순위 선정

### (3) 프로그램의 수행방안 정의

① 프로그램 목표 설정

② 효과성 검토

③ 방법론 정의

④ 전문기술 검토

### (4) 전문기술 영역 도출

① 프로그램 업무 영역 확인

② 필요전문 기술 확인

③ 전문가 pool 영역 확인

### (5) 전문기술 적용 및 해양치유활용 방안 제시

## 2) 성과관리

### (1) 성과평가지표 작성

① 프로그램 만족도

② 피드백이 될 수 있는 순환구조

③ 기초정보 전·후 비교분석을 통한 치유효과 검증표 작성

### (2) 프로그램의 질과 연속성 확보

① **성과목표 설정** : 성과 평가항목 및 목표수준 설정

② **사업수행 및 모니터링** : 사업수행 및 수행과정 모니터링

③ **중간점검** : 평가항목별 목표달성도에 대한 점검 및 진단

④ **성과평과** : 성과에 대한 최종평가

⑤ **피드백** : 평가 결과에 따른 목표 피드백

제7장

# 해양치유서비스

1. 안전관리 및 위생관리
1) 안전사고예방과 응급처치
2) 해양치유서비스 공간 및 시설, 장비 위생관리

제7장

o c e a n h e a l i n g t h e o r y

# 해양치유서비스

## 1 안전관리 및 위생관리

### 1) 안전사고 예방과 응급처치

#### (1) 안전사고의 관리 및 예방

① 안전사고 관리의 목적

업무 중 발생하는 안전·보건 사고는 인명 피해 또는 경제 손실을 직접 초래하게 되므로 우리나라는 산업안전보건법 등 여러 종류의 안전 관리 법률을 제정, 운용하고 있다. 따라서 다수의 일반 시민을 대상으로 활동하게 될 해양치유사도 업무와 관련해 발생 가능한 안전사고의 유형을 파악하고, 발생 시 신속하고 적정한 응급조치를 통해 피해자의 생명과 건강을 보호하며, 사후 보고와 조사를 통해 사고 발생의 원인을 규명하고, 재발 방지를 위한 대책을 마련, 개선해 동일하거나 또는 유사 사고가 발생하지 않도록 주의를 기울여야 한다.

② 안전사고의 예방

㉠ 발생 가능한 안전사고의 추정(위험성 평가)

유해 위험 요인을 미리 찾아내어 사전에 그것이 어느 정도 위험한지 추정·발굴하고, 그 추정한 위험성의 크기에 따라 대책을 세워 유해 위험 요인을 제거, 또는 관리로 피해를 최소화하는 평가 행위다.

- 업무와 관련해 발생할 수 있는 안전사고의 유형을 파악한다.
- 위험도는 안전사고의 예측되는 발생 빈도와 안전사고의 심각성을 고려해 일정 주기로 평가한다.
- 위험도의 우선 순위에 따라 평소 대비 및 대응 훈련을 주기적으로 시행해야 한다.
- 대비 및 대응 훈련의 결과는 기록을 통해 분석되고, 개선이 필요한 부분은 관리 지침에 반영되어야 한다.

㉡ 위험성 평가의 예시

- 업무와 관련해 가장 흔한 안전사고의 유형은 미끄러짐, 부딪힘 등 외상 사고다.
- 야외 활동 등이 업무와 관련된 경우 환경 손상(온열 질환, 한랭 질환) 등이 발생할 수 있다.
- 물놀이 안전사고 등도 발생 가능성이 있다.

㉢ 안전사고 유형 중 낙상(미끄러짐 사고)에 따른 예방 및 안전관리 활동의 예시

- 낙상이란 예기치 않게 갑자기 넘어지는 경우를 말하며, 이로 인해 신체에 상해를 입는 사고다.
- 낙상의 위험이 있는 이용객에 대한 예방 활동을 통해 낙상으로 인한 안전사고를 예방 및 최소화시킨다(표 7-1, 2).

[표 7-1] 낙상 고위험군

- 보행 장애 이용객
- 보조 기구를 사용하는 이용객(예 : 휠체어, 목발, Walker 등)
- 시력 장애 이용객
- 어지러움증 호소 이용객 등

[표 7-2] 낙상 고위험 이용객을 위한 낙상 예방 활동

| |
|---|
| • 낙상 위험 이용객의 이용객 및 보호자를 대상으로 〈낙상 예방 교육〉 자료를 제공하고, 교육 및 예방 활동을 시행한다.<br>• 낙상 고위험 이용객은 보호자 동반 하에 이동해 시설 등을 이용하도록 한다.<br>• 이용 시설 바닥에 물기나 물건에 걸려 넘어지지 않도록 점검한다.<br>• 시설 기구 등에서 내려올 때는 넘어지지 않도록 이용객을 주의 깊게 관찰한다.<br>• 휠체어를 타거나 내릴 때, 이동하지 않을 때 반드시 바퀴를 고정하도록 한다.<br>• 어지러움 등이 있는 경우 직원에게 도움을 요청하도록 한다. |

③ 안전사고 발생 때 대응 조치

㉠ 환경 안전을 우선 확인한 후 사고자 구조

- 목격자는 즉시 2차 재해가 발생하지 않도록 사고 현장의 안전을 확인한다.
- 사고 현장의 안전을 확인한 후 가장 먼저 사고자를 구조하고, 필요할 경우 응급처치를 시행한다.
- 신체 손상 등을 동반해 응급치료가 필요하다고 판단하는 경우 즉시 119에 도움을 요청한다.

④ 안전사고의 보고

- 안전사고 현장 일차 반응자는 사고의 발생 개요와 대응 조치를 육하원칙에 따라 문서로 작성해서 해당 부서장이나, 관리 책임자에게 보고해야 한다.

### (2) 안전사고에 따른 손상별 응급처치

① 손상에 따른 응급대응의 일반적 원칙

㉠ 응급처치법을 배우는 목적은 간단한 응급처치들의 바른 방법과 바른 지식을 배우는 것이지, 응급의료기술기를 배우는 것이 아니다.

㉡ 안전사고로 인한 신체 손상이 발생한 경우 의료기관 진료를 기본적 원칙으로 한다.

㉢ 사고자가 의료기관 진료를 원하는 경우 도움을 주어야 한다.

㉣ 임의로 신체 손상의 경중을 판단하지 않으며, 응급처치는 응급치료를 대신할 수 없다.

ⓜ 한국에서 응급상황이 발생해 의료진의 도움이 필요할 경우, 기본적인 수단은 119에 신고하는 것이다.

ⓑ 119에 신고하면 응급조치에 필요한 도움을 얻을 수 있을 뿐 아니라, 안전하게 응급의료기관으로 피해자를 이송할 수 있다.

ⓢ 어떤 응급처치를 해야 할지 모르거나, 더 많은 응급조치가 필요할 경우, 가장 먼저 119에 신고해야 한다.

ⓞ 의식 저하, 출혈 등이 있어 응급의료기관으로 이송이 필요한 경우, 반드시 119에 도움을 요청한다.

ⓙ 사고자의 심리적 안정과 지지도 훌륭한 응급처치다.

② 골절

㉠ 응급처치의 목표

- 손상 부위의 움직임을 제한하고, 추가 손상을 예방할 수 있다.
- 환자가 안정할 수 있게 지지해주거나, 병원으로 이송을 안내할 수 있다.

㉡ 발생 상황

- 골절은 추락, 넘어짐 등의 기전에 의해 많이 발생한다.
- 소아는 신체 크기가 작기 때문에 외부에서 가해지는 힘이 신체의 많은 부분에 전달되어 다발성 손상이 발생하기 쉽다.
- 노인들은 낙상에 의한 손상이 많이 일어나고, 흔히 대퇴골 경부 골절, 상지 골절, 골반 골절이 잘 생긴다.

㉢ 외상 후 골절이 의심되는 소견

- 손상 부위에서 변형, 부기, 멍, 개방성 열상 또는 상처 등이 보이고, 통증으로 움직이지 못한다.
- 손상된 팔다리의 길이가 정상 쪽에 비해 길이가 짧아져 있거나, 변형을 보이는 경우도 있다.
- 골절이 있을 경우 뼈끝에서 마찰음을 듣거나 느낄 수 있다.

주의) 뼈 주위로 근육, 신경, 혈관들이 있기 때문에 주위 구조물들이 손상을 입을 수 있어 강제로 마찰음을 확인하려고 해서는 안 된다.

㉣ 응급처치

- 환자는 움직이지 않고 그대로 가만히 있도록 한다.
- 부목을 댈 수 있는 경우 손상 부위 주위로 지지대를 대고, 팔걸이나 붕대로 고정한다.
- 가능한 119에 신고해 병원으로 이송한다.
- 골절이 의심되는 부위에 열린 상처가 있는 경우(개방성 골절), 상처 주위를 깨끗이 소독하고 상처 위로 깨끗한 패드를 덮고 붕대를 이용해 감아준다.
- 붕대는 단단히 감아야 하나 피가 통하지 않을 정도로 너무 세게 감아서는 안 된다.

㉤ 주의사항

- 만약 주위가 아주 위험한 환경이 아니라면, 손상된 부위가 안전하게 지지될 때까지 환자를 움직여서는 안 된다.
- 수술이 필요할 수도 있으므로 물, 음료수, 음식 등을 먹거나 마시게 해서는 안 된다.
- 개방성 골절에서 피부 밖으로 튀어 나온 뼈끝을 직접적으로 압박하지 않는다.

③ 상처

㉠ 응급처치의 목표

- 각 상처를 병원 진료가 이루어지기 전까지 깨끗하게 관리할 수 있다.
- 직접 압박에 의한 지혈 방법을 안다.

㉡ 발생 상황

- 날카로운 물체, 강한 둔기의 힘, 미끄러짐이나 추락, 산업 현장에서의 기계 작업, 뾰족한 물체, 총 등 다양한 방법들에 의해 발생한다.

㉢ 평가

- 상처의 형태를 파악한다.
- 상처에서 멀리 떨어진 손가락, 발가락 등에서 운동 이상이나 감각 이상, 통증의 동반 여부를 파악한다.

㉣ 응급처치

- 출혈이 있는 경우 무균 거즈나 깨끗한 천으로 출혈부위를 직접 1~2분간 압박해보고, 출혈이 멈추면 소독하고 붕대로 압박한다.
- 1~2분간의 압박에도 출혈이 멈추지 않으면 5분 동안 더 압박해보고, 심각한 출혈의 경우에는 119에 신고한다.
- 칼 등에 의한 찔린 상처나 유리 파편에 의한 상처는 상처 내부에 심각한 손상이 있을 가능성이 많으므로, 외부 출혈은 무균 거즈나 깨끗한 천으로 상처를 직접 압박해 지혈하고 빨리 119에 신고한다.
- 절단된 상처 면은 무균 거즈나 깨끗한 천으로 외부 출혈이 되지 않게 감싼다.
- 절단된 신체 일부분은 젖은 무균 거즈나 깨끗한 천에 잘 싸서 비닐봉투에 넣고, 이 비닐봉투를 얼음주머니에 다시 넣어 차갑게 유지해 보관하고 이동한다.

㉤ 주의사항

- 열린 상처의 파상풍 예방 접종이 필요할 수 있으므로, 예방 접종력을 확인하는 것이 필요하고, 불확실한 경우 병원으로 안내한다.
- 상처를 만질 때는 기본적으로 손을 깨끗이 씻고 만지는 것이 감염 예방을 위해 중요하다.
- 안구 손상, 상처 속에 이물이 있을 경우, 머리뼈의 함몰이 있을 경우, 상처를 직접 압박하지 않는다.
- 상처에 박히거나 관통된 이물은 출혈이나 조직 손상을 더 악화시킬 수 있으므로, 현장에서 임의로 제거하면 안 된다.
- 절단된 신체 부분은 차갑게 보관하는 것이 중요하나, 직접 얼음에 닿지 않도록 한다.

④ 머리손상

㉠ 응급처치의 목표

- 응급의료진에 인계 전 까지 사고자를 책임지고 관리할 수 있어야 한다.
- 의학적 도움이 즉시 필요한 심각한 머리 손상의 증상을 안다.

㉡ 발생 상황

- 낙상 등에서 바닥에 머리를 부딪쳐 발생하거나, 추락, 직접 머리 부위의 충돌에 의해 발생한다. 발생 기전에 따라 경추부 손상을 동반하는 경우도 있다.

㉢ 병원 진료가 필요한 머리 손상

- 머리 손상 후 잠깐의 의식 장애, 어지러움과 오심, 사고 당시 또는 사고 전 기억 소실, 경미한 두통, 혼미 등의 증상이 있는 경우
- 두피의 상처를 동반한 경우
- 경추부 통증을 동반하는 경우
- 피해자가 65세 이상이거나 이전에 뇌 수술을 받은 경우
- 피해자가 아스피린, 와파린과 같은 항응고제를 먹고 있는 경우

㉣ 평가

의식 수준 평가

- 환자의 의식 수준은 AVPU 척도를 사용해서 평가한다(표 7-3).

[표 7-3] 의식수준: AVPU법

- A(Alert) – 의식이 명료하고, 복잡한 질문(집주소가 뭐예요?)에 또렷이 대답한다.
- V(Verbal Stimuli) – 졸린 듯 눈을 감고 있으나 부르는 큰 소리에 겨우 눈을 뜨고, 간단한 질문(이름이 뭐예요?)에만 대답한다.
- P(Painful Stimuli) – 수면상태로 보이나 강한 통증(꼬집는 등)에만 움직임을 보인다.
- U(Unresponsive) – 스스로 움직임이 없고, 통증에도 반응이 없다.

- V 이하의 의식 상태이면 즉각적으로 119에 신고해 도움을 요청한다.
- 두피의 손상 부위에 출혈 여부를 확인한다.
- 두개골 개방성 골절이나 내부 조직의 노출 여부를 확인한다.
- 귀나 코에서 출혈이나 맑은 액체가 흐르는지 확인한다.

㉤ 응급처치

- 피해자를 바닥에 앉히고 차가운 압박 천을 주어 손상 부위에 대고 있도록 한다.
- 출혈이 있는 경우 두피 상처를 정확히 확인해 직접 압박해 지혈한다.
- 의식 수준 등을 주기적으로 관찰한다.
- 피해자가 회복되었을 때 책임지고 볼 수 있는 사람에게 피해자를 맡기도록 한다.
- 전문 의료진의 평가가 이루어질 때까지 레저 활동을 중단해야 한다.

㉥ 주의사항

- 귀나 코에서 액체가 흘러나오면 절대 막지 않는다.
- 두개골이 노출된 손상은 감염의 위험이 있으므로 현장에서 세척하지 않는다.

⑤ 척추 손상

㉠ 응급처치의 목표

- 추가적인 손상(2차 손상)을 예방할 수 있다.
- 의식 없는 척추 손상 환자에서 기도를 유지할 수 있다.
- 필요한 경우 심폐소생술을 시작할 수 있다.
- 필요시 신속하게 119에 도움을 요청하고, 119 도착 전까지 도울 수 있다.

㉡ 발생 상황

- 척추 손상을 의심해볼 수 있는 가장 중요한 알림은 손상 기전(표 7-4)이다.
- 비정상적인 힘이 등 또는 목에 가해졌다면 척추 손상을 의심해야 한다.
- 특히 사고자가 사지의 감각 변화와 운동 장애를 호소하는 경우라면 더욱 의심해봐야 한다.
- 추락이나 낙상의 경우, 특히 흉추 뼈나 요추 뼈에서 골절이 잘 발생할 수 있다.

[표 7-4] 척추 손상의 가능성이 높은 손상 기전

- 사다리 등, 높은 곳에서 추락
- 얕은 풀장에서 다이빙해 바닥에 부딪힘
- 스포츠 활동 중에 태클 등으로 잘못 맞은 경우
- 자동차의 급감속
- 무거운 물체가 등에 떨어짐
- 얼굴과 머리의 손상

ⓒ 평가

- 사고자가 척추 부위(목이나 등, 허리, 꼬리뼈 부위)의 통증을 호소하는지 살핀다.
- 팔이나 다리의 움직임이나 감각에 이상이 있는지 파악한다.
- 다른 신체 부위에 동반된 상처나 출혈이 있는지 확인한다.

ⓔ 응급처치

ⓐ 의식이 있는 사고자에서 경추부의 보호

- 사고자를 안심시키고 움직이지 않도록 권고한다.
- 경추부 통증이나 허리 통증의 유무를 확인한다.
- 119에 직접 신고하거나 주변에 신고하도록 요청한다.
- 사고자의 머리 양옆을 잡아서 머리 움직임에 따라 목이 움직이지 않도록 한다.
- 처치자가 사고자의 머리를 중립 자세로 유지하고 있는 동안 주변 사람에게 담요나 수건, 옷 등을 말아서 피해자의 머리와 목 양측 면에 넣도록 요청한다.
- 얼마가 걸리든 간에 119가 오기 전까지 사고자의 머리를 잡고 계속 중립 자세를 유지해야 한다.

ⓑ 의식이 없는 사고자의 경추부 보호

- 사고자의 머리맡에 무릎을 꿇고 앉아, 피해자의 머리 양옆을 잡아서 목이 흔들리지 않게 유지한다.
- 사고자의 머리와 목, 몸통, 다리가 일자가 되도록 지지한다.
- 숨길(기도)을 열어 줄 때는 사고자의 목이 과도하게 뒤로 젖히지 않도록 주

의한다.

- 환자의 호흡을 확인하고 호흡이 있으면, 머리를 잡아서 계속 중립자세로 유지한다.
- 119에 신고하거나 주변 사람에게 신고하도록 요청한다.
- 사고자가 숨을 쉬지 않으면 즉시 심폐소생술을 시행한다.
- 사고자를 뒤집어야 할 필요가 있으면 머리와 몸통을 일자로 같이 움직여야 하며, 이 경우 여러 사람의 도움이 필요하다.

㉤ 주의사항

- 위험에 노출된 상태가 아니라면 발견한 위치에서 사고자를 다른 장소로 옮기지 않도록 한다.
- 만약 사고자를 옮겨야 한다면 도움을 요청하고, 머리와 목, 몸통을 일자로 고정해야 한다.

⑥ 저체온증

저체온증이란 지속적인 저온에 노출되어 체온이 35℃ 이하로 떨어진 상태를 말한다. 저체온증은 국소 부위의 동결로 인한 동상과 달리, 전신의 체온 저하로 인해서 항상성의 균형이 무너지고, 자칫 사망할 수도 있는 매우 위험한 상황이다.

㉠ 응급처치의 목표

- 저체온증을 인지하고 즉각적인 응급처치를 시작할 수 있다.
- 필요시에는 심폐소생술을 시행할 수 있다.

㉡ 발생 상황

- 저체온증은 물에 빠져서 급격하게 진행되기도 한다.
- 추운 환경에 오랫동안 머무르면서 서서히 진행되기도 한다.
- 영하의 온도가 아니더라도 저체온증은 발생할 수 있다.
- 추운 날씨의 야외 활동 또는 차가운 물에 장시간 침수되었을 때 생긴다.
- 한여름에도 수영장 또는 바다, 계곡에서 장시간 물속에 있는 경우에도 발생할

수 있다.

- 음주 상태에서 추운 환경에 노출되면 쉽게 저체온증이 발생할 수 있다.

㉢ 평가

- 저체온증이 발생할 만한 주변 환경인지 확인한다.
- 저체온증의 증상 유무를 확인한다(표 7-5).

[표 7-5] 저체온증을 의심할 만한 증상

- 심한 전신 떨림
- 차고 창백하며 건조한 피부
- 복부 겨드랑이 등의 옷 안에 노출되지 않은 피부까지도 차가울 때
- 정신착란
- 느리고 얕은 호흡, 느리고 약한 맥박
- 심각한 저체온 : 의식 저하, 떨림이 없어짐, 근육이 뻣뻣함, 차고 푸른색 피부
- 심정지

㉣ 응급처치

- 사고자를 따뜻한 곳으로 이동시킨다.
- 열 손실을 막기 위해서 젖은 옷을 벗기고 마른 옷으로 갈아입힌다.
- 보온을 위해서 담요나 외투 등으로 환자 신체 전체를 모두 감싸준다.
- 사고자가 깨어 있고 삼킬 수 있다면 따뜻한 당분이 있는 음료를 마시도록 한다.
- 따뜻한 물주머니를 환자의 목 뒤, 겨드랑이 및 가랑이 사이에 끼워준다.
- 사고자의 반응이나 호흡, 맥박, 체온 등의 변화를 지속적으로 감시한다.
- 심각한 저체온증(의식 변화 등)의 경우에는 바로 119에 신고하고 병원으로 이송한다.
- 저체온 사고자가 심정지 상태이면 즉각적으로 심폐소생술을 시행한다.

㉤ 주의사항

- 사고자에게 술을 주지 않는다. 알코올은 피부 혈관을 확장시키고, 열 손실과 저체온을 악화시킨다.
- 뜨거운 물병이나 불 등의 발열체는 화상의 위험이 있으므로 피부에 직접 닿지

않도록 한다.

- 저체온 사고자에게 불필요한 움직임은 심정지를 유발할 수 있으므로 조심스럽게 다뤄야 한다.

ⓑ 예방

- 저체온 발생의 위험성이 높은 날씨에는 야외 활동을 하지 않는다.
- 추운 야외에서 장시간 활동 시에는 보온성 내의와 방풍, 방수 기능이 있으면서 통기성이 좋은 외투를 입도록 한다.
- 따뜻한 물을 적당량 자주 마신다.
- 겨울철 야외 활동 중에는 음주를 피한다.

⑦ 익수

익수는 저체온증이나 급성 심장 마비, 또는 흡인 자체로 인한 질식이나 후두부 경련에 의한 기도 폐쇄 등의 이유로 사망에 이르게 할 수 있는 치명적인 손상이다.

㉠ 응급처치의 목표

- 익수 사고자를 평가할 수 있다.
- 일반적인 익수 사고 예방법과 주의사항을 안다.

㉡ 발생 상황

- 익수 사고는 물의 깊이나 수영의 능숙도와 관계없이 예상하지 못한 상황에서 누구에게나 발생할 수 있다.
- 어린이나 노약자의 경우 가정 내 공간이나 대중목욕탕, 실내 수영장 등에서도 발생할 수 있다.

㉢ 평가

- 의식을 확인한다.
- 정상적인 호흡 여부를 확인한다.
- 의식이 있다면 대화를 시켜서 호흡 곤란 증상과 의식 소실 여부 등을 확인한다.

㉣ 응급처치

- 마른 옷으로 갈아입히고 담요로 감싸서 저체온증을 교정한다.
- 사고자가 의식이 명료하다면 따뜻한 음료수를 마시도록 하는 것도 체온 유지에 도움이 될 수 있다.
- 119에 신고해 병원으로 이송하도록 한다.
- 구조 직후 증상이 없더라도 이차적으로 호흡 곤란이 발생할 가능성이 있으므로 반드시 병원진료가 필요하다.
- 구조된 사고자가 의식이 없고 호흡이 비정상이라면 119에 신고하고 즉시 심폐소생술을 시행한다.
- 119가 도착할 때까지 심폐소생술을 지속한다.

㉤ 주의사항

- 익수 사고를 목격했다면 재빨리 119에 도움을 요청한다.
- 구조 시에는 반드시 구조자 자신의 안전을 먼저 유의하면서 신속하고 안전하게 구조한다.
- 머리를 낮추거나 복부를 누르는 등 물을 몸 밖으로 배출시키려는 행위를 해서는 안 된다.
- 만약 사고자가 스스로 물을 토하는 경우에는 고개를 옆으로 돌려서 토물이 폐로 흡인되지 않도록 한다.
- 다이빙이나 서핑으로 인한 익수 사고 시 척수 손상의 가능성이 있으므로 가능하다면 척추 보호대를 사용하거나, 환자의 움직임을 최소화해야 한다.
- 저체온증이 동반되므로 젖은 옷은 벗기고 담요를 이용해 체온을 유지시키도록 한다.

㉥ 예방

- 수영 금지 구역에서는 절대로 수영하지 않도록 하며, 수영이 가능한 곳이라고 하더라도 안전요원이 확인할 수 있는 안전구역 내에서만 물놀이를 즐기도록 한다.
- 물놀이 때 보호장비(구명조끼)를 착용한다.

- 물놀이 전 준비 운동을 통해서 근육 경련이나 부상을 예방하도록 한다.
- 음주 후 물놀이는 절대 금한다.
- 물에 갑자기 뛰어들지 말고 심장에서 먼 팔다리, 얼굴, 가슴 순으로 물을 적신 후 천천히 들어간다.

⑧ 온열 질환

신체가 열에 노출되거나 체내에서 열이 발생하지만 발산할 수 없다면 여러 가지 열 관련 문제가 발생할 수 있다. 열 관련 문제는 가벼운 탈수나 근육의 경련, 열 탈진, 의식 변화를 동반한 열사병에 이르는 다양한 증상으로 나타날 수 있다.

– 열사병

열사병은 치명적인 응급상황 중 하나다. 열사병은 일상적으로 체온을 조절하는 뇌 안의 체온 조절 중추가 체온 조절에 실패해 체온의 상승과 의식 저하가 발생하는 질환이다.

㉠ 발생 상황

- 사우나, 여름철 장시간의 외부 활동

㉡ 평가

- 의식 변화를 반드시 확인한다. 열사병 판단의 가장 중요한 기준이다.
- 그 외 동반 증상으로 두통, 어지러움, 불편감, 경련, 초조함, 착란, 뜨겁고 붉고 건조한 피부, 갑자기 나빠지는 의식, 강하게 뛰는 맥박, 높은 체온 등이 있다.

㉢ 응급처치

- 사고자를 신속히 시원한 곳으로 이동시키고 즉시 119에 신고한다.
- 119를 기다리는 동안 가능하다면 어떤 방법을 사용해서든 즉시 냉각을 해주어야 한다.
- 체온을 낮추는 가장 효과적인 방법은 물을 분무하거나 찬물에 적신 천으로 덮은 후 부채질이나 선풍기로 증발시키는 것을 반복하는 것이 열을 낮추는 데 효

과적이다.

- 얼음주머니를 겨드랑이나 사타구니에 대준다.
- 체온이 정상으로 돌아온다면 마른 시트로 덮어준다.
- 사고자의 상태를 반복해서 평가하고 의식, 호흡, 맥박, 체온을 확인한다. 만약 체온이 다시 오른다면 체온을 낮추기 위한 방법을 반복해 적용한다.

ⓔ 주의사항

- 열사병 판단의 가장 중요한 기준은 의식 저하다. 체온이 40도 이상이 아니더라도 의식 변화를 동반한 온열 질환이면, 열사병으로 판단하고 응급처치해야 한다.
- 탈수된 사고자는 땀을 충분히 흘릴 수 없고, 결국 체온을 높이게 되어 상태를 악화시켜 열사병으로 진행하는 것을 촉진한다.
- 만약 사고자가 의식이 없고 호흡이 없다면 (또는 말기 호흡이라면) 흉부 압박과 심폐소생술을 시행한다.

ⓜ 예방

- 열사병 발생 가능성이 높은 날씨에는 야외 활동을 피하고 시원한 실내에 머무른다.
- 가급적 이른 아침이나 저녁에 야외활동을 한다.
- 야외 활동 때 운동량을 줄여야 한다. 꼭 해야 한다면 한 시간마다 시원한 물을 2~4잔씩 마시거나 스포츠 음료를 통해 전해질을 보충해야 한다.
- 야외 활동 중간중간 그늘에서 쉬어야 한다.
- 챙이 넓은 모자나 선글라스, 적절한 자외선 차단제를 사용해야 한다.
- 가벼운 옷, 밝은 색 옷, 헐렁한 옷을 입는다.
- 활동량에 상관없이 충분한 양의 수분을 섭취한다.
- 술(알코올)이나 당분이 많은 음료(단 맛이 있는 음료)는 피한다.
- 주차 중인 자동차 안에 사람을 혼자 남겨 두어서는 안 된다.

⑨ 해파리 자상

해파리 쏘임은 바닷물에서 수영을 하다가 비교적 흔하게 발생할 수 있는 사고다. 해파리의 몸통으로부터 길게 나온 촉수가 사람을 찔러 촉수에 있는 수천 개의 작은 자포로부터 해파리 독이 인체에 해를 미칠 수 있다. 해파리 독의 중독성은 매우 다양한데, 대부분은 짧은 기간 동안 통증과 피부 발진이 있은 후 증상이 사라지지만, 때때로 전신 반응을 일으켜 생명을 위협할 수 있다. 해파리에 쏘인 경우 식초를 이용한 세척 방법이 많이 알려져 있으나, 식초 세척이 피부에 남아 있는 해파리 자포의 비활성화에 도움이 되는 것은 입방 해파리에 물린 경우다.

㉠ 응급처치의 목표

- 해파리 쏘임 때 생길 수 있는 증상을 안다.
- 올바른 해파리 자포 제거 방법을 안다.

㉡ 발생 상황

- 요즘 바닷물이 따뜻해지면서 해파리 개체 수 증가로 인해 해파리 쏘임의 발생이 증가하고 있다.

㉢ 평가

- 사고자의 피부에 남아 있는 해파리 촉수와 자포를 확인한다.
- 해파리 쏘임에 의한 국소 증상이 있는지 확인한다(표 7-6).
- 해파리 쏘임으로 인해 다양한 전신 증상이 발생할 수 있다(표 7-6).

[표 7-6] 해파리 쏘임 후 국소 증상 및 전신 증상의 예시

1. 국소 증상
   찌르는 듯한 또는 타는 듯한 통증, 가려움증, 부종, 피부 감각 이상, 피부의 해파리 촉수 접촉으로 인한 붉은 색의 긴 줄무늬 발진
2. 전신 증상
   두통, 구역/구토, 설사, 복통, 위약감, 어지럼증, 근육통, 관절통, 혈압 저하, 호흡 곤란, 의식 불명, 사망

㉣ 응급처치

- 해파리에 쏘인 즉시 환자를 물 밖으로 나오도록 한다.
- 장갑을 착용한 후 피부에 남아 있는 촉수를 제거하고, 신용카드 등을 사용해 촉수의 자포를 조심스럽게 긁어낸다.
- 해파리 쏘임 후 전신 증상이 있을 경우 신속하게 119에 신고해 병원으로 이송한다.

㉤ 주의사항

- 해파리에 쏘였을 때는 초기 응급처치가 이루어지기 전까지 일반적인 수돗물이나 물로 씻을 경우 오히려 독액의 방출을 증가시킬 수 있고, 해파리의 종류에 따라 식초로 세척하는 경우 오히려 독액 방출을 증가시켜 증상을 악화시킬 수 있으므로, 해파리의 종류를 정확히 모르는 경우에서는 식초를 사용하지 않는다.
- 해파리 자포를 환자의 피부에서 제거할 때 치료자가 다치지 않도록 장갑을 반드시 끼도록 해야 한다.

㉥ 예방

- 해파리가 많은 위험 지역에 들어가지 않는다.
- 해파리는 죽은 상태에서도 자포에서 독을 방출할 수 있으므로 절대 만지지 않는다.

### (3) 기도 유지, 인공호흡 및 심폐소생술 방법

① 기도 유지 방법

의식이 없으면 혀가 뒤로 밀리면서 상부 기도(숨길) 폐쇄가 발생할 수 있다. 기도 유지 방법으로 비외상 환자에서는 머리 기울기-턱 들기 방법을 기본적으로 사용한다. 경추부 손상이 의심되는 환자에서의 기도 유지 방법은 턱 밀기 방법이 유용하나, 습득을 위해서는 많은 연습이 필요하다.

㉠ 머리 기울기-턱 들기 방법

한 손을 환자의 이마에 대고, 머리를 뒤로 젖히고, 다른 한 손의 검지와 중지를 이용해 아래턱을 위로 들어 올린다.

② 인공호흡 방법

머리 기울기-턱 들기 방법으로 기도를 개방한 상태에서 머리 기울기를 한 손의 엄지와 검지를 이용해 코를 잡고 구조자의 입으로 환자의 입을 전체적으로 덮어 환자의 가슴이 올라오는 게 보일 정도로 1초에 한 번씩 호흡을 2회 불어준다. 너무 많이, 세게 인공호흡을 하지 않는다.

③ 심폐소생술(2015 가이드라인 기준)

㉠ 기본 심폐소생술 방법

- 반응 확인 : 환자의 어깨를 두드리면서 움직임이 있는지 보고, 동시에 정상적인 호흡을 하는지 살핀다.
- 119 신고 및 심장충격기(AED) 요청 : 주변 사람 중 1인을 구체적으로 지목해 요청한다.
- 가슴 누르기(가슴 누르기와 인공호흡을 30 : 2로 반복한다) : 2번의 인공호흡은 10초를 넘겨서는 안 된다.
- 자동심장충격기 사용 : 평소 생활 환경 주변에서 자동심장충격기가 어디 있는지 파악해 놓고, 필요할 경우 사용할 수 있어야 한다. 자동심장충격기를 켜면 음성안내가 나오므로 그 음성지시에 따라 사용하면 된다.

㉡ 가슴 누르기 방법의 상세 설명

- 압박 위치 : 가슴의 정중앙
- 압박 깊이 : 5cm 내외(소아 : 흉곽 높이의 1/3 이상)
- 압박 속도 : 100~120회/분

㉢ 손의 자세

양손 깍지를 낀 상태에서 손 뒤꿈치를 이용해 압박한다.

㉣ 압박 자세

- 어깨는 수직으로 팔꿈치는 편 상태에서 압박한다.
- 팔의 힘으로 압박하는 것이 아니라 구조자의 체중과 허리힘으로 압박한다.

④ 자동심장충격기(AED)

㉠ 심장충격기 켜기

- 반응과 정상적인 호흡이 없는 심정지 환자에게만 사용한다.
- 심폐소생술 시행 중에 심장충격기가 도착하면 지체없이 시행한다.
- 심장충격기 전원 버튼을 누른다.

㉡ 심장리듬 분석

- 심장리듬을 분석하는 동안에는 환자에게 닿지 않게 떨어진다.
- 심장충격이 필요하면 "심장충격이 필요합니다."라는 음성지시와 함께 자동으로 충전되고, 충전 중엔 가슴압박을 실시한다.
- 심장분석이 필요없는 경우는 심폐소생술을 계속 실시한다.

㉢ 즉시 심폐소생술 다시 시행

- 심장충격을 실시한 후에는 즉시 심폐소생술을 실시한다.
- 119 구급대원이 도착할 때까지 반복 실시한다.

## 2) 해양치유서비스 공간 및 시설, 장비 위생관리

### (1) 위생관리

#### ① 소독과 멸균

㉠ 소독

소독은 감염을 일으킬 수 있는 미생물(병원체)만을 주로 사멸 또는 제거

ⓐ 소독과 멸균의 차이

소독을 통해서 모든 세포균자들이 박멸되는 것은 아니므로 멸균과 소독은 차이가 있다. 즉, 소독은 병원체를 말살하는 것을 말하는 반면에, 멸균은 병원체와 비병원체는 물론 아포를 만드는 균까지 모든 미생물을 전부 죽이는 것을 말한다.

ⓑ 소독제

소독제는 보통 대부분의 미생물들을 사멸시키는 화학물질을 말한다. 그러나 소독제는 세균포자를 죽이지는 못한다.

ⓒ 소독의 5요소

- 감염을 없애야 한다.
- 증식 가능한 상태의 미생물을 억제하는 것 뿐만 아니라 사멸시켜야 한다.
- 아포를 사멸시킬 필요는 없다.

㉡ 멸균 및 살균

멸균 및 살균은 강한 물리적, 화학적 작용으로 병원체, 비병원체, 아포(포자) 등 모든 미생물을 모두 사멸시키거나 제거하는 것을 말한다.

ⓐ 멸균시간

- 개념 : '피멸균품 주위에 다른 장애물이 없는 상태에서 습열이 직접 세포에 작용하는 어느 정도의 시간'을 멸균시간이라고 한다.
- 멸균시간의 결정
  멸균시간은 사용하는 멸균장치, 중요한 피멸균품, 실험과 검사 그리고 경험을 고려하여 결정한다.

ⓒ **소독기전**

살균작용이 어떤 기전으로 일어나는가를 잘 이해함으로써 살균목적을 효율적으로 달성할 수 있다.

ⓓ **소독에 필요한 인자**

ⓐ 물리적 인자

i) **온도**

- 미생물의 대부분은 종류에 따라 고온이냐 저온이냐에 따라 그 생존조건이 다르므로 이를 이용하여 미생물을 사멸시키는 방법으로써 열을 이용하여 미생물을 사멸시키려면 그 온도가 대상물을 내부까지 침투하여야 한다.
- 온도를 이용하는 방법은 고온과 저온 두 가지가 있으며 고온을 이용하는 방법에는 건열과 습열이 있다.
- 습열은 주로 수증기를 이용한 열로서 수분이 단백질의 변형을 유도하므로 수분이 많으면 열이 조금 낮아도 소기의 목적을 달성할 수 있다.

ii) **자외선**

- 빛은 파동과 에너지를 가지는 물질로써 에너지는 파장에 반비례하므로 파장이 적은 자외선이나 방사선은 강력한 살균작용을 한다.
- 특히 자외선은 직접 조사되는 곳에는 강하게 작용하지만 그늘진 곳에서는 거의 작용하지 않으므로 소독하고자 하는 대상물을 그늘진 곳에 놓지 않도록 잘 배치한다.

ⓑ 화학적 인자

i) 물

- 소독약은 물에 젖어있는 균체와 접촉을 한 후 균막을 통하여 균체에 용해되어 들어가 단백질을 변성시킨다는 점에서 소독약의 살균작용은 화학반응의 일종이다.
- 건조한 상태에서는 소독약의 화학반응이 어려우므로 살균작용은 물에 젖어 있는 상태에서 진행된다.

ii) 농도

- 소독약의 농도가 높으면 그에 비례하여 소독력이 강해지나 그와 동시에 피부에 상해를 주거나 소독대상물을 손상시키는 부작용도 심해진다.
- 따라서 소독대상물의 종류에 따라 농도를 적정하게 조절해야 한다.

iii) 시간

- 모든 소독방법은 일정시간의 경과가 필요하지만 지나치게 시간을 경과하면 시간적, 경제적 손실이 있을 수 있고 소독대상물에 따라 손상이 올 수도 있다.
- 완벽한 소독이 되면서도 대상물이 손상을 받지 않는 적절한 소독시간을 결정하는 것은 매우 중요하다.

㉤ **소독방법**

ⓐ 자연소독법

i) **희석**

독성물질이 대기나 물속에 존재하는 경우 다량의 공기나 물에 의해 희석되어 독성 효과가 감소하는데 희석자체에 의한 살균효과는 없으나 감염원을 무한히 희석시키면 세균은 군락을 형성할 수 없으므로 발육이 지연된다.

ii) **태양광선**

태양광선의 살균작용은 가시광선, 적외선 및 대기 등의 공동작용 즉 산화에 의하여 좌우되어지므로 이불, 수건 등은 햇볕에 말리는 것 자체로도 소독할 수 있다.

iii) **한랭**

병원성 미생물의 대부분은 저온에 대한 저항성이 강하므로 동결과 건조법을 동시에 적용시키는 것이 보다 확실하다.

ⓑ 물리적 소독법

i) **열에 의한 멸균**

- 건열멸균법 : 건열에 의해 미생물을 산화 또는 탄화시켜서 멸균하는 방법을 말하며 고온에서 안전한 내열성 물질을 멸균하는데 효과적인 방법으로 소각소독법, 화염멸균법이 있다.
- 습열멸균법 : 끓는 물이나 증기를 이용하여 멸균하는 방법으로 열의 전도가 빠르고 열이 골고루 전달되며 수분으로 인하여 미생물의 단백질응고가 촉진되어 멸균효과가 크다. 이에는 자비소독법과 저온소독법이 있다.
- 고압증기멸균법 : 100~135℃에서 20분간 고온의 수증기를 미생물, 포자 등과 접촉시켜 원형질을 응고시킴으로써 미생물을 사멸시키는 방법이다. 아포를 포함한 모든 미생물을 빠른 시간 내에 사멸시키는 가장 효과적이고 독성이 없는 경제적인 방법으로 현재 가장 널리 이용되어지고 있는 멸균법이다.
- 간헐멸균법 : 고압증기멸균법에 의한 가열온도에서 파괴될 수 있는 물품을 멸균할 때 이용되는 방법을 말하며, 증기멸균법 또는 유통증기멸균법이라고도 한다.

ii) **빛에 의한 멸균**

- 자외선멸균 : 자외선멸균은 주로 저전압 수은램프를 이용하여 살균력이 강한 260~280nm의 전자파를 방사시켜서 멸균하는 방법이다.

iii) **여과멸균법**

열에 불안정한 약품 또는 고열에 의해 변질을 일으키는 혈청, 당, 요소 등과 같은 재료의 멸균이나 바이러스의 분리와 세균의 대사물질을 균체로부터 분리할 때 이용되는 소독 방법이다.

iv) **초음파살균법**

초음파로 인해 발생하는 화학반응, 유화작용, 기계적 작용, 가열작용으로 미생물이 살균되는 성질을 이용한 방법이다.

ⓒ 화학적 소독법

소독력을 가지고 있는 약제를 사용하여 세균을 죽이는 방법으로, 이에는 기체 즉 가스를 사용할 경우와 액체나 고체의 약제를 사용할 경우가 있다. 화학적 소독법은 아포를 죽이기 어렵지만 아포를 만드는 균, 예를 들면 파상풍균, 가스괴저균 등은 그 수가 적다는 점에서 실제적으로 널리 이용된다.

i) **가스에 의한 멸균법**

멸균제를 가스 상태 또는 공기 중에 분무상태로 하여 미생물을 멸균시키는 방법이다.

ii) **산**

현재 산은 방부제 또는 소작제로 많이 이용되고 있으며, 옛날에는 음식물의 부패방지에 이용하였다.

iii) **석탄산류**

페놀제제는 콜타르에서 얻어지며, 세포단백질을 응고시켜 세균을 죽인다. 살균작용이 강하고, 약간의 열이나 건조한 곳에서는 일정한 농도가 유지되며, 값이 싸다. 사용하는 농도는 3~5% 수용액이다.

iv) **알코올류**

알코올은 탄화수소의 수소원자를 히드록시기(−OH)로 치환한 화합물의 총칭으로, 가장 널리 쓰이는 소독제이다. 무색, 무취이며 휘발성이 강하고 흔히 방부제로 사용되나 살균제로 사용되기도 한다.

v) **산화제**

- 과산화수소 : 수소와 산소의 화합물로 무색이며 기름모양의 액체이다.
- 과망간산칼륨 : 공기 중에서는 안정하고 물에 잘 녹는데, 산소를 유리시켜 그의 산화력에 따라 강한 살균작용을 나타내는 살균제로써 항균 및 항진균작용을 나타낸다.

vi) **중금속류**

중금속류에는 수은화합물과 은화합물의 살균력이 다른 중금속보다 큰데, 특히 수은화합물은 강한 살균작용보다는 정균작용이 있으며 약이나 화장품을 보존하는데 사용된다.

vii) **요오드 화합물**

요도드제는 매우 효과적인 살균제로서 세균, 아포, 바이러스 등에 강한 효과가 있다. 피부소독제로 흔히 사용되며, 냄새가 적고 부작용이 없으며 색에 의하여 농도를 알 수 있다. 요오드에 과민성인 사람은 피부가 거칠어지며 금속을 부식시키고, 특히 비누성분이 있으면 화학적 반응으로 수포를 형성하는 등의 손상을 준다.

viii) **계면활성제**

계면활성제는 묽은 용액 속에서 계면에 흡착하여 그 표면장력을 감소시키는 비누, 세제, 유화제 등을 말하며 표면활성제라고도 한다.

ix) **기타**

- 생석회 : 생석회는 칼슘과 산소의 화합물로 백색결정인 산화칼슘을 말한다. 물이나 습기 찬 장소를 소독할 때에는 가루를 직접 그곳에 뿌리는 것이 좋고 분뇨, 토사물, 분뇨통, 쓰레기통, 하수도, 수조 등의 소독에 적당하다.

### ㉥ 소독의 조건

#### ⓐ 소독의 구비조건

- 소독의 효과가 확실하여야 한다.
- 부식성, 표백성이 없고 용해성이 높으며 안정성이 있어야 한다.
- 경제적이고 사용법이 간편한 것이 좋다.
- 언제 어디서나 할 수 있어야 한다.
- 소독할 때 가축이나 사람에게 해를 주어서는 안된다.
- 표면과 내부까지 소독이 되어야 한다.

ⓑ 소독약의 조건

- 용해성이 높고, 방취력이 있어야 한다.
- 부식성 및 표백성이 없으며, 인축에 해가 없는 것이어야 한다.
- 살균작용과 침투력이 강하고, 사용이 간편해야 하며, 값이 싸야 한다.
- 짧은 시간에 효과적이어야 하며, 필요한 경우 내부까지 소독할 수 있어야 한다.

② 오물처리

㉠ 쓰레기 처리

쓰레기의 양적인 증가 및 질적인 변화는 쓰레기처리에 상당한 어려움을 초래하고 있으며, 이를 적절히 처리하여 환경을 개선, 보호하고 국민건강을 향상시키는 방법을 모색하는 것이 모든 국가 및 도시에서 중요한 과제로 되어 있다.

㉡ 쓰레기 처리법

- 투기법
- 위생적 매몰법
- 소각법
- 퇴비화법
- 분쇄기법
- 동물사료법
- 재활용법
- 적환장

㉢ 악취

ⓐ 악취의 개념

악취는 후각으로 느끼는 공해로서 불쾌한 냄새가 나는 물질이나 미립자가 공기 중에 확산되어 후각을 담당하는 세포를 자극하여 나타난다.

ⓑ 악취 방지대책

- 통풍 및 희석 : 통풍시설을 이용하여 악취가 나는 공기를 수집하여 굴뚝을 통하여 외부로 방출시켜 대기 중에서 악취를 분산, 희석시키는 방법이다.
- 중화 : 중화는 두 가지 냄새가 나는 물질을 적절한 비율로 혼합하여 본래의 냄새보다 약하게 하는 방법이다.
- 흡수 : 가스 상의 오염물질을 흡수량에 통과시켜 세정액에 녹이는 방법이다.
- 흡착 : 활성탄 등으로 물리적으로 흡착을 이용하는 방법이다.
- 연소에 의한 산화 : 악취를 600~800℃에서 직접 연소시키는 방법이다.
- 촉매에 의한 산화 : 산화촉매를 이용하여 260~350℃ 정도의 낮은 온도에서 산화 처리하는 방법이다.

③ 실내공기 오염

㉠ 환경성질환 오염물질 개요

현대사회에서의 실내는 현대 사회인의 생활 중 대부분의 시간을 보내는 장소이며, 오염에 따라 최근 실내공간에서의 공기질에 의하여 인체영향에 대한 관심 증가와 더불어 실내공기오염의 중요성이 부각되고 있다. 그리고 환경성질환은 생활환경 속에서 일반인이 환경 오염물질에 노출되어 이것이 인체의 외부를 자극하거나 인체에 흡수, 축적되면서 발생하는 질병이며 아토피 피부염, 천식, 알레르기성 비염 등이 대표적인 질환이다.

㉡ 환경성질환 가능성 오염물질

실내공기 중에는 환경성질환을 일으킬 가능성을 가진 오염물질의 요소들로는 가스상물질, 먼지, VOCs, HCHO, 미생물성 물질이 존재하고 있다. 최근 환경성 질병의 증가의 원인으로 주거환경의 변화로 소파, 침대, 카펫 등을 사용하는 가정이 증가하고 집안에서 애완동물을 기르는 집이 늘어남에 따라 알레르기 질환의 주요 원인인 집먼지진드기, 동물 털 등에 지속적으로 노출하는 기회가 많아졌다.

ⓐ 휘발성 유기화합물(VOCs), 포름알데히드

- 휘발성 유기화합물 : 한 개 이상의 탄소를 포함하고 있는 화학물질로 실온에서 쉽게 휘발하는 물질을 말한다. 실내에서 검출되어지는 휘발성 유기화합물은 실외 환경에서 유입되는 것일 수도 있고 건축자재, 청소용품, 실내 거주자들이 몸에 바른 화장품, 왁스, 카펫, 가구, 레이저프린터기, 접착제 등 매우 다양한 발생원을 가지고 있다.
- 포름알데히드 : 휘발성 유기화합물이고 많은 건축자재, 직물, 청소용품, 접착제 등에 사용되며 일반적으로 신축건물에서 높게 나타나고 있으며 조리, 흡연, 벽난로 등에서도 발생된다고 보고되고 있다.

ⓑ 집먼지진드기

집먼지진드기는 거미과에 속하는 것으로 아토피 피부염, 기관지 천식과 알레르기성 비염을 일으키는 중요한 원인으로 알려져 있다. 크기는 0.1~0.3mm 정도로 사람의 눈으로는 구별하기 어렵다.

ⓒ 곰팡이

곰팡이는 보통 그 본체가 매우 가는 사상의 균사로 되어 있는 사상균을 가리킨다. 일상생활에서 가장 잘 알려져 있는 곰팡이는 떡 등의 식품이나 구두 등의 피혁제품에 생기는 몇 가지 종류와 술, 된장 등의 제조에 필요한 누룩곰팡이, 효모균 등 그다지 많은 종류는 아니다. 그러나 천연에서의 곰팡이 분포는 공기, 물, 흙, 바닷물 속 등 유기물이 있는 곳에는 어디든지 존재하고 있음을 알게 된다.

ⓓ 바퀴벌레(곤충)

알레르기의 대표적인 요인인 집먼지진드기를 제외한 개미, 벼룩, 모기, 바퀴벌레, 파리 등 또한 알레르기 유발물질로 평가된다.

ⓔ 애완동물의 털이나 비듬

고양이나 개의 털 알레르기라고 흔히 알려져 있으나 사실은 털, 피부조직, 소변, 피 등에 포함된 특정한 단백질 성분이 알레르기를 유발한다고 보는 것이 더 옳다.

ⓕ 미세먼지, 가스상 물질, ETS(환경성담배연기)

미세먼지 및 가스상 물질은 오염된 실외 대기의 유입, 실내 바닥의 먼지, 생활 활동 등에서 발생하여 호흡기를 통하여 인체 내 흡입되면서 눈, 코, 상기도 점막을 자극하며 각종 호흡기, 심혈관 질환으로 발병될 수 있고 이 물질이 유발하는 질환으로는 천식이 대표적이다.

ⓒ **대표적 환경성질환**

실내공기오염으로 인해 발생 가능한 증상은 빌딩증후군, 새집증후군, 화학물질과민증 등과 같은 증상이 반복적으로 계속될 경우엔 다양한 환경성질환으로 발전될 가능성이 많으므로 이와 같은 증후군의 예방관리가 필요하다고 하겠다.

ⓐ 아토피 피부염

아토피 피부염은 피부에 발생하는 만성 알레르기 염증성 질환이다. 염증이 생기면 빨갛게 발진이 발생하며 심한 가려움증이 가장 큰 특징이다. 가려움증으로 인해 자주 긁게 되며 피부가 손상되면 염증이 악화되고 가려움증도 더욱 심해지는 순환이 일어난다. 아토피 피부염은 소아에서 흔히 나타나고 성인이 되어서도 증상이 지속될 수 있는 만성피부질환이다.

ⓑ 천식

천식은 폐와 기관지에 발생하는 만성적인 알레르기 질환이다. 전 세계적으로 소아와 성인 모두에게 매우 흔한 질병이며, 우리나라 사람들 중 약 5~10%가 천식이 있는 것으로 추정되고 있다. 유전적인 요인뿐만 아니라 환경적인 요인이 함께 작용하여 발생한다. 천식을 유발하는 알레르기물질에 대한 노출이 증가되면서 기도에 알레르기 염증 반응이 발생한다.

ⓒ 알레르기 비염

알레르기란 일종의 면역반응으로 과민반응과 유사한 용어로 사용되고 있다. 집먼지진드기가 주요 원인으로 흡입한 항원이 비점막에 접촉되면서 면역반응에 의해 콧물, 재채기, 코막힘의 증상을 일으키는 질환을 말한다.

제8장

# 해양치유 관광

1. 해양치유 관광의 배경
2. 해양치유 관광의 이론적 고찰
3. 건강증진을 위한 해양치유 관광 유형
4. 해양치유 관광 발전 방안

제8장

ocean healing theory

# 해양치유 관광

## 1 해양치유 관광(Ocean Wellness Tourism)의 배경

### 1) 해양치유 관광의 사회적 배경

#### (1) 증거중심 학문

우리사회 일부에서는 해양자원의 치유기능에 대하여 회의적인 인식을 갖는 사람들도 적지 않은 것이 사실이지만, 대중들의 해양치유자원과 프로그램의 건강증진 역할에 대한 보편적 관심에 부응하기 위하여 학계에서는 해양치유 관광을 증거중심(evidence based)의 학문으로 승화시키 위한 연구자들의 노력들이 끊임없이 이루어져 왔다.

이와 같은 해양치유에 대한 증거중심의 과학적 연구와 해양자원의 치유화 필요성이 시대를 걸쳐 예방건강 사회의 니즈로 대두되었다. 결과적으로 사회・산업・시대적 상황에서 자연치유와 해양업이 유기적으로 융합하여 해양 6차 산업으로 태동한 업의 개념이 해양치유 관광(Ocen Wellness Tourism)업이다.

따라서 본서에서는 신흥학문인 해양치유 관광을 제현들에게 해양치유의 이론적 근거, 프로그램, 사업모델을 연구자 관점에서 최신 지식과 정보를 공유하고자 한다.

현대사회의 구조적 특성은 산업화된 국가의 국민 70% 이상이 도시에 거주하는 도시사회 구조를 띠고 있다. 결과적으로 도시의 문명화 뒤편에는 경쟁사회, 빈부경제, 계층문화와 같은 부작용도 양산하게 되었다. 특히 장기간 도시의 오염된 환경과 도시 생활스타일에서 오는 운동부족과 자연환경과의 교류 결핍으로 다양한 불건강 신드럼들이 나타났다.

그 결과 현대 의학만으로는 치료의 어려움을 겪고 있는 만성피로, 주의집중장애, 행동장애, 지체장애, 우울증, 치매, 사회성 결여증, 노인성질환, 중독자, 비만, 그리고 청소년들의 학습장애 등의 선천적 그리고 후천적 증상들에 대한 통합적 치유가 필요하다.

따라서 해양의 자연을 근간으로 하는 해양치유는 현대의료의 사각 지대에 놓인 도시사회 시민을 위한 지속가능한 건강증진을 위한 제4의 예방건강 물결이다. 유럽에서 태동한 해양치유 관광 물결은 이제 미주, 호주, 아시아 지역을 향하여 급속하게 확장되고 있다.

### (2) 최적의 자연 치유자원 : 해양자원

이 시점에서 우리는 왜? 의료선진 그리고 사회복지 선진 국가들이 마치 하나의 국가처럼 동시 다발적으로 해양치유 관광을 사회복지 및 국민건강 증진의 컨텐츠로서 제도적으로 육성하는지를 주목할 필요가 있다.

지식적으로는 충분히 인지하고 있지만 일상생활권에서 자신 습관의 변화・혁신에 실패하는 이유는 동기가 부족하기 보다는 결심한 새로운 행동을 습관화하는데 심리적・환경적 한계가 있다는 것이다.

따라서 환경을 생활권을 벗어나 호기심과 기대를 불러 올 수 있는 자연 해양환경에서 습관의 변화를 경험하는 것이다. 일 단위 변화가 심하지 않는 산림 혹은 내륙 지역에 비하여 상대적으로 일교차가 심한 해양환경은 해양치유 방문객에게 지속적인 호기심을 자극하기에 상대적으로 유리한 천혜의 자연 치유자원이다.

특히 일상환경에 쉽게 지루함을 느끼는 현대인들과 젊은 세대들에게 지속적으로 자극과 관심을 유지하기에 최적의 치유자원은 바로 해양자원이다.

결국 해양치유프로그램을 경험하고 일상으로 돌아와서 지속적으로 변화를 유지하는 것이 효과적이다.

### (3) 라이프스타일 치유의 배경

미국스트레스 연구소(American Institute of Stress)에서는 스트레스 상태를 "신체적・정서적・정신적 압박과 긴장"으로 정의하였다.

결국 조직적・사회적・경제적인 면에서 지난친 경쟁으로 번아웃(burn out)된 현대사회를 재 독일대학 철학자 한병철 박사는 "피로사회"로 규정한 것은 스트레스가 한 개인의 문제가 아닌 지역사회적·국가적 문제가 된 것이다.

대중들이 치유·힐링·웰니스와 같은 라이프스타일에 변화를 지속적으로 갈망하는 배경에는 분명 이와 같은 피로사회에 대한 범(凡)사회적·국민적 니즈가 유기적으로 반영된 결과일 것이다.

우리는 지금 건강 뉴노멀(new normal)시대에 살고 있다. 즉 국민소득이 늘어나고 노동시간이 단축되면서 생활이 안정을 찾게 되고 자연적으로 100세시대(homo hundred)에 당면하고 있는 것이다.

또한  펜데믹과 국민소득 3만불대에 진입을 기점으로 뉴노멀 사회가 현실이 되면서 대중들의 보편적인 건강관심이 치료건강에서 예방건강 돌봄 행위가 사회 전반에 웰니스라이프의 혁신으로 일반화되고 있는 사회현상이다.

따라서 시민들은 건강한 삶을 영위하기 위한 예방건강에 대한 관심이 사회문화적으로 공론화 되고 있다. 그러므로 과거 치료건강 시대에는 병증이 있어야 병원을 찾았으나 현대는 평소에 건강을 관리하는 예방건강이 생활습관(lifestyle)과 치유형식으로 보편화되었다.

## 2 해양치유 관광의 이론적 고찰

웰니스라이프는 자신의 운동, 음식, 수면, 마음, 사회습관을 혁신하여 신체, 정서, 사회, 직업, 지적, 정신적 최적의 건강생활(Wellness Life Style)을 유지하는 습관의학(lifestyle medicine)이다.

또한 웰니스관광은 예방건강 생활방식을 습관화 하기 위하여 습관 혁신 모델과 프로그램을 일상에서 벗어나 관광활동과 연동하여 새로운 환경에서 실행하는 것이다.

따라서 해양치유 관광은 "생활습관 혁신을 위한 치유관광 활동을 해양자원을 근간으로 해양환경에서 실행되는 치유관광 행위"이다.

### 1) 증거중심 해양치유 이론

도시생활에 지친 현대사회를 피로사회 혹은 우울사회로 규정하고 있다. 현대인의 생활중심이 지배적으로 도시가 되면서 도시의 피로환경에서 벗어나 자연녹지를 갈구하는 시민들이 증가하게 되었다. 따라서 서구학계에서는 자연이 인간의 건강에 미치는 영향 관계에 대한 연구가 시작된 것이 오래전의 일이다. 그중 유럽을 중심으로 꾸준하게 진행되어온 대표적인 연구는 다음과 같다.

### (1) 사회적 상호관계(social interaction) 해양치유 관광 동료와 관계

인간은 집, 옷, 빵, 그리고 생활필수품만으로 살 수 없는 사회적 동물이다. 사회적 동물은 같은 종과 다른 종의 구성원들과 끊임없는 상호작용을 수행하며 친지와 이해관계자들을 중심으로 사회 속에서 자신의 사회를 만드는 것이다. 따라서 정신적 혹은 신체적 문제로 인하여 사회적 상호관계 형성에 제약을 당하는 독거자, 사회소외자, 노숙자, 대인기피증, 신체 혹은 정신적 장애 등으로 인하여 사회와의 관계가 소원한 사람들도 사회속에 생존하고 있으나 자기사회의 존재는 미약하고 자존감, 사회성, 자주성 그리고 책임감과 자립성이 약하여 사회적 보호와 복지에 의지하여야 한다. 이들에게도 우리사회의 새로운 지원 플랫폼인 치유의 손길이 필요하다.

인간과 사회 간의 문제는 성인들에게만 국한된 것은 아니다. 학습기에 있는 청소년이 학교로부터 외면당하거나 학교를 스스로 등진 경우, 이들의 삶의 질 역시 자존의 가치를 인정하지 않는 수준이며, 의타적인 삶이나 반사회적인 행동장애 증상을 보인다. 성인으로 성장하기 전에 이들에게도 제2의 자기계발의 기회가 주어져야 한다.

사회적 상호관계에 문제를 안고 있는 사람을 약이나, 시설의 구조화된 프로그램으로 치료하는데 한계가 있다. 그러나 해양치유의 체험과정에서 그룹 프로그램을 참여하는 사람과 그의 가족 등과의 접촉을 통하여 자연스럽게 사회적 상호관계를 형성하게 된다. 사회적 상호관계의 건강증진 혜택은 정신적 측면(Sempik & Spurgeon, 2006), 특히 정신건강회복이론에 중요한 역할을 하는 것으로 연구되었다(Cloniger, 2006).

### (2) 자연(해양)과 스트레스회복(Nature and recovery from stress)

자연환경이 인간에게 주는 건강혜택을 설명한 카플란의 주의력집중회복이론에 대안적 이론은 텍사스 대학, 환경심리학자 울리히의 스트레스 회복모델(Roger Ulrich's model of recovery from stress)이다. 울리히의 관점은 자연풍경과 자연 그 차제가 진화론의 원천으로서 카플란이 주장하는 인식과 사고적 이론에 거리를 두었지만 울리히 이론 역시 자연환경의 치유에너지의 역할에 대하여 주목하고 있다.

### (3) 해양자연 보기(looking ocean nature)

어떻게 자연 바라보기와 자연체험이 본질적으로 흥미롭고 혹은 자극하고 특별한 의식적인 노력 없이 정신적 피로를 회복하는데 중요한 역할을 하는지에 대하여서는 주의집중회복이론(Kaplan and Kaplan, 1989)이 잘 설명하고 있다. 또한 윌슨에 의하여 제기된 생명사랑이론(biophilia hypothesis, Wilson, 1984)은 인간과 자연의 태생적 애호관계를 강조하였다. 그리고 건강한 자신을  위하여 우리가 자연과 교류·상생해야 한다는 이론(Kellert & Wilson, 1993)이 자연보기를 통한 건강증진의 효과를 직접적으로 설명하고 있다.

### (4) 해양에서 활동(being active in ocean nature)

신체활동이 정신과 육체건강에 효과적이라는 증거는 이미 보고되었다(Stathoplou et al, 2006). 해양치유 체험은 자연 공간에서 육체적인 활동으로서 해양치유 운동 외에 부가적인 치유 효과를 제공해 준다. 또한 자연환경에서 하는 신체활동(운동)은 자존감과 기분을 고양시키고, 혈압을 낮추는 시너지 효과를 나타낸다(Pretty et al., 2005, 2007, Peacock et at., 2007, Hine et al. 2008b).

### (5) 공유행복 소유행복(sharing happiness, owning happiness)

인간이 해양환경과 교류할 때 평안함을 느끼고 자연스럽게 행복물질인 세라토닌의 분비가 활발하여 지면서 건강한 행복감을 느끼게 된다.

많은 사람들이 평생 물질추구를 하면서 사는 현대사회는 물질로 인한 스트레스와 육체적 고통을 말할 수 없을 지경에 도달하여 결국 현대사회는 피로사회가 되었다. 없으면 구하고, 구하고 나면 더욱 크고 고급스러운 것으로 바꾸고 싶은 마음이 발동한다. 이와 같이 집, 가구, 장비, 차량, 소비품 등 물질을 소유하면서 느끼는 행복이 물질적 행복이다. 물질을 구하지 못한 사람은 상대적으로 불행해지고 불행한 마음을 가진 사람이 사는 사회가 우울사회이다. 반면에 자신의 개인소유가 아닌 국가, 지역 혹은 크고 작은 커뮤니티가 공동으로 소유하고 있는 산, 숲, 강, 풍경과 같은 자연 풍경을 공유하면서 느끼는 즐거움이 공유행복감이다.

## 3 건강증진을 위한 해양치유 관광 유형

| 분류 | 호텔형 | 의료연계형 | 의료호텔형(Meditel) |
|---|---|---|---|
| 건강증진 | wellness | medical wellness | therapy |
| 숙박 | 호텔 | 호텔-의료기관연계 | 의료기관 또는 호텔 |
| 의료기관 | 불필요 | 상주권장,<br>(불가능) 외부 의료기관 협력 | 상주필수 |
| 전문인력 | 스파테라피스트<br>국내 활동 중 | 해양치유지도사<br>의료인 양성(보수교육) | 해양치유지도사<br>의료인 양성(보수교육) |
| 의료 | 불필요 | 의료인(검진수준) 상주<br>또는 외부 의료기관 연계 | 의료기관 설치/유치 |
| 현재가능 | 현재가능<br>수요 한계 | 현재가능<br>수요 높음 | 후기가능(민간투자형) |

## 4 해양치유 관광 발전 방안

### 1) 웰니스 관광

2016년 정부에서 '웰니스 관광 육성 정책 방향' 발표 이후 관심을 받으며, 2017년 시장 규모가 약 15조원을 돌파했다.

웰니스 산업은 복지, 보건, 관광 등 융복합적인 접근이 필요한 분야임에도 그동안 정부 차원의 중장기 계획과 법·제도가 미비하였다.

현재 국내에서 웰니스 산업을 문화체육관광부, 보건복지부, 해양수산부, 산림청 등 관련 부처들이 각기 발전시키고자 노력하고 있다.

앞으로 웰니스 산업 발전을 위한 제도적으로 각 부처가 협업할 수 있는 지원 시스템을 마련하기 위해 2023년 3월 13일 '치유관광산업 육성에 관한 법률안'이 발의됐다.

법안이 통과되면 문화체육관광부가 5년마다 웰니스 관광산업 육성계획을 수립하고, K-웰니스가 새로운 국가브랜드로 성장시킬 수 있는 환경이 조성될 것이다.

웰니스는 웰빙(Well-being)에 '행복(Happiness)'과 '건강(Fitness)'을 합친 용어로, 의료상의 개입이 필요한 환자를 대상으로 하는 의료 관광과 달리 건강한 일반인이 여행을 통해 온천·요가·명상·건강식 등을 경험하며 정신적, 사회적, 신체적인 건강의 조화를 이루는 데 목적이 있다.

## 2) 웰니스 관광 클러스터

### (1) 웰니스 관광 상품 및 콘텐츠 개발

① 명확한 웰니스 관광 테마 설정

② 웰니스 관광 콘텐츠 확장 및 다양화

### (2) 웰니스 관광 인력 양성

① 웰니스 관광 이해 전문인력 양성

② 체계적, 지속적 인력 양성 정책 추진

### (3) 웰니스 관광 인프라 조성

① 의료기관 중심 웰니스 인프라 지향

② 지역 웰니스 관광 중심 인프라 구축

### (4) 웰니스 관광 홍보 및 인식 제고

① 웰니스 관광 개념 정립 및 홍보

② 웰니스 통합 브랜드 구축

### (5) 웰니스 관광 관련 산업 육성

① 웰니스 관광 산업 통계 기반 구축

② 지역 적합 웰니스 관광 협동조합 설립

### (6) 웰니스 네트워크 구축

① 지역 웰니스 관광 인적 네트워크 확립

② 웰니스 관광 창업 보육 활성화

### 3) 해양치유 관광 중장기 발전전략

#### (1) 해양치유 관광 산업화 연구

① 해양관광 활성화
해양관광–치유(연계) 관광프로그램 및 서비스 개발

② 특성화 관광
해양지역 특성화, 차별화 관광 전략

③ 해양공간관리
해양치유 관광 공간, 입지, 환경관리 및 지침

#### (2) 해양 바이오 산업화 연구

① 해양 바이오 산업화
해양치유자원 활용 식품, 제품, 용품 개발

② 고령사회 휴양 산업
휴양서비스 및 휴양산업화

#### (3) 해양치유 과학화 연구

① 해양치유 과학화
수요자 신뢰구축 → 비용대비 의료비절감효과(B/e) → 의료보험화

② 해양 복지
국민, 어촌민 해양치유 실천화를 통한 복지향상

## 4) 해양복지 스마트시티 조성

### (1) 생애 주기별 프로그램

① 출생기 : 해양 태교 프로그램
② 유아기 : 해양 체험, 해양 교육
③ 청소년기 : 해양 교육, 해양 캠프
④ 청년기 : 레저, 스포츠, 테레인쿠어
⑤ 장년기 : 해양 웰니스, 텔라소 테라피
⑥ 노년기 : 해양 예방, 해양 재활
⑦ 회년기 : 해양 은퇴자 마을, 해양 요양

## 5) 해양 실버타운 의료기관

### (1) 휴양형 실버타운

① 배경 및 필요성

㉠ 고령 인구의 증가
- 고령인구의 꾸준한 증가 추세로 편의를 고려하는 주거시설 공급

㉡ 노인주거 / 복지시설 수요
- 보건복지부 현황에 따르면 노인복지시설의 연도별 증감은 정체 수준
- 의료, 치유, 여가, 식사 등의 프라이버시가 제공되는 시니어타운 선호

## 6) 해양 헬스 관광 벨트 조성요소

- 레저 스포츠 관광 중심 웰니스
- 해양 복지 스마트시티
- 해양 공원 조성

- 해양 바이오 클러스터
- 해양 특산품
- 해양 재활 헬스케어
- 해양 문화 관광 연계
- 해양 장애인 시설 조성

# 참고문헌

가천대학교, 해염의 목/어깨 통증 완화 효능 검증, 해양치유자원의 치유효과, 2019.
고려대학교, 해수와 염지하수 효능검증, 해양치유자원의 치유효과, 2019.
고려대학교 산학협력단, 태안군 해양치유산업 기반구축 연구용역, 태안군, 2022.
고려대학교 산학협력단, 태안군 해양치유산업 활성화 연구용역, 태안군, 2021.
고려대학교 해양치유산업연구단, 해양치유산업육성을 위한 국회심포지엄, 국회대강당, 2019.
국립산림과학원 홈페이지.
남철현 외, 공중보건학, 계축문화사, 2020.
레셀플드렉, 신솔잎 습관알고리즘, 비지네스북스, 2022.
박상태 외, 생활한방과 건강, 계축문화사, 2017.
박상태, 식생활과 건강, 계축문화사, 2017.
산림복지진흥원 홈페이지.
산림청 홈페이지.
서길준 외, 응급처치와 심폐소생술, 도서출판의학서원, 2021.
서울대학교, 염지하수 피부염 환자 효능 검증, 해양치유자원의 치유효과, 2019.
안희영 외, 통합심신 치유, 학지사, 2020.
울산대학교·아산병원, 해수의 재활치료효능검증, 해양치유자원의 치유효과, 2019.
이경희, 통증자연치유요가바이블, 글로세움, 2018.
이성재, 산림 해양 기후와 휴양의학, 고려대학교출판문화원, 2017.
이승현 외, 웰니스로 가는 길, 청아출판사, 2022.
이주열, 보건교육학, 계축문화사, 2016.
장희정, 크나이프 치유, 호미 출판, 2022.
전세일, 보완대체의학, 계축문화사, 2011.
정구점, 웰니스 관광, 한올출판사, 2013.
조록환, 농촌치유자원을 활용한 농촌치유만들기, 국립농업과학원, 2020.
태안군, 서해안거점 태안 해양치유복합단지조성 추진계획, 2020.
태안군, 탈라소테라피 해양치유자원, 고려대학교 통합의학교실, 2021.
태안군, 태안군 대표해양치유자원, 고려대학교 통합의학교실, 2021.

태안군, 태안 해양치유전문인력 양성교육, 휴앤치유연구소, 2022.
태안군, 해양치유보조사, 태안군 전략사업담당관, 2021.
태안군, 태안 해양치유프로그램, 해랑기술정책연구소, 2021.
한국수산과학기술진흥원 홈페이지.
한국해양과학기술원 홈페이지.
한국해양수산개발원 홈페이지.
해양수산부 공식 블로그.
해양수산부 홈페이지.
해양수산부, 해양산업 활성화를 위한 해양치유자원 발굴 및 실용화기반 연구, 2020.
해양수산부, 해양치유 국회심포지엄, 국회의원회관, 2019.
해양환경공단 홈페이지.
Amazing Healing Properties of the Ocean Water https://medium.com/change-your-mind/amazing-healing-properties-of-the-ocean-water-db1065a5220
Benson H. the Wellness book. New York: Simon and Shuster, 1993
Cho, M.H., and Jang, H.J., 2005, A Study on Residents' Attitudes to the Utilization of Traditional Culture as Tourism Resources - Based on Jirisan Cheonghak-dong and Hahoi Village. Journal of Tourism and Leisure Research 17(1), 133-154.
Herzog, T. R., Black, A. M., Fountaine, K. A. and Knotts, D. J. (1997) 'Reflection and attentional recovery as distinctive benefits of restorative environments'. Journal of Environmental Psychology, 17, 165-170.
Institute of Life style Medicine-www.instituteoflifestylemedicine.org
Kaplan, s. (1995) 'The restorative benefits of nature: toward an integrative framework'. Journal of Environmental Psychology, 15, 169-182.
Kaplan, R. and Kaplan, S. (1989) The Experience of Nature: A Psychological Perspective. New York:Cambridge University Press.
Kwon, Y. A Case Study on Local Cultural Sensibility and Healing Tourism in Korea. DOI: 10.5220/0010398500003051 In Proceedings of the International Conference on Culture Heritage, Education, Sustainable Tourism, and Innovation Technologies (CESIT 2020), pages 651-655
Mathews J. the Professonal Guide to Health and Wellness Coaching. San Diego,CA ACE;2019
Naver, 고성・울진・완도・태안 해양치유센터.
Naver, 휴앤치유연구소 블로그.
PANAMUNA TEAM December 04, 2021 https://www.panamunaproject.com.au/blogs/

news/5-healing-powers-of-the-ocean Simoné Laubscher 28th July 2021.

Report World., 2014. Italian Tourism Policy. Retrieved from https://www.reportworld.co.kr/social/s1143432

Roger H. Charlier; Marie-Claire P. Chaineux The Healing Sea: A Sustainable Coastal Ocean Resource: Thalassotherapy Journal of Coastal Research (2009) 25 (4 (254)): 838-856. https://doi.org/10.2112/08A-0008.1 Article history

SONIA ZADRO February 11, 2020 https://www.wellbeing.com.au/mind-spirit/mind/45592.html

TOP(7) HEALING BENEFITS OF SEA WATER https://susannadathur.com/healing-power-of-the-ocean/

The Healing Benefits Of The Ocean https://www.blisssanctuaryforwomen.com/the-healing-benefits-of-the-ocean/

Unruh, A. M., Smith, N. and Scammell, C. (2000) 'he occupation of gardening in life-threatening illness: a qualitative pilot project' Canadian Journal of Occupational Therapy, 67(1), 70-77.

Yang, C.H., 2019. Busan City should hurry to set up a port policy. Retrieved from https://daedaero.tistory.com/207.

www.nongsaro.go.kr, 치유농업의 이해.

# 찾아보기

ㄹ



ㅁ



ㅂ



ㅅ

ㅇ



ㅈ

**해양치유론** 값 18,000원

2023년 11월 10일 제1판 인쇄
2023년 11월 15일 제1판 발행

공 저 자 : 박상태 · 김충곤 · 권이승 · 박상회
방형애 · 성시윤 · 손병국 · 오한진
이경희 · 정구점 · 진용일

발 행 인 : 주 영 일
발 행 처 : **계 축 문 화 사**

서울특별시 종로구 통일로12길 16-17
우편번호 03029
TEL : 735-2257 · 738-9746
FAX : 723-9025
E-mail : gyechuk@hanmail.net
홈페이지 : http://gyechuk.co.kr
1973. 10. 31 등록번호 제300-1973-8호
ISBN 978-89-5629-741-5 93510